建筑机械使用与安全技术

王耀辉　李晓蒙　李晓亮◎著

重庆出版集团 重庆出版社

图书在版编目（CIP）数据

建筑机械使用与安全技术 / 王耀辉, 李晓蒙, 李晓
亮著. 一重庆：重庆出版社, 2021.12
ISBN 978-7-229-16411-9

Ⅰ.①建…　Ⅱ.①王…　②李…③李…　Ⅲ.①建筑机
械—使用方法②建筑机械—安全技术　Ⅳ.①TU6

中国版本图书馆CIP数据核字（2021）第256220号

建筑机械使用与安全技术
JIANZHU JIXIE SHIYONG YU ANQUAN JISHU
王耀辉　李晓蒙　李晓亮　著

责任编辑:钟丽娟　何　晶
责任校对:刘　刚

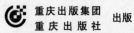 重庆出版集团
重庆出版社　出版
重庆市南岸区南滨路162号1幢　邮编:400061　http://www.cqph.com

重庆出版集团图书发行有限公司发行
E-MAIL:fxchu@cqph.com　邮购电话:023-61520646
全国新华书店经销

开本:787mm×1092mm　1/16　印张:11.5　字数:260千字
2022年8月第1版　2022年8月第1次印刷
ISBN 978-7-229-16411-9
定价:68.00元

如有印装质量问题,请向本集团图书发行有限公司调换:023-61520678

前　言

　　机械与设备是建筑施工企业至关重要的施工工具，是完成建筑工程施工任务的基础，也是保证建筑工程施工质量的关键。确保建筑机械设备资源的使用能力，以良好的设备经济效益为建筑工程施工企业生产经营服务，是建筑机械设备管理的主题和中心任务，也是建筑工程施工企业管理的重要内容。

　　近年来，随着我国建筑行业飞速发展，各种施工机械设备不断涌现，为充分发挥机械设备效能和挖掘机械设备的潜力，加大建筑施工企业机械与设备的管理力度就显得尤为重要，这也要求广大建筑施工企业管理人员必须提高对施工机械设备的重视程度，并采取措施提高自身的机械与设备管理水平。对于即将进入建筑工程施工领域工作的人员来讲，了解常用施工机械设备的工作原理，掌握必要机械设备的安全操作方法，具备--定的施工机械设备管理能力是非常有必要的。

　　本书对帮助广大建筑工程施人员以及高等院校师生认识并了解常用建筑机械设备，从而具备--定的施工机械设备管理能力发挥了很好的作用。

　　本次坚持以理论知识够用为度，遵循"立足实用打好基础、强化能力"的原则，以培养面向生产第-线的应用型人才为目的，强调提升学生的实践能力和动手能力。重点对近年来建筑：工程施工领域不断涌现的新型施工机械设备进行了必要的补充，从而强化书籍的实用性和可操作性。

　　本书由甘肃建投装备制造有限公司王耀辉、江苏省宿迁市宿城区审计局固定资产投资评审中心李晓蒙和中国铁路北京局集团有限公司工程质量监督站李晓亮共同撰写。具体撰写分工如下：第一章至第三章、第五章由王耀辉撰写，共计十二万字；第四章和第六章由李晓蒙撰写，共计七万字；第七章和第八章由李晓亮撰写，共计七万字。全书由王耀辉负责审校、统稿。

　　在本书的策划和编写过程中，曾参阅了国内外有关的大量文献和资料，从其中得到启示，同时也得到了有关领导、同事、朋友及学生的大力支持与帮助。在此致以衷心的感谢！由于网络信息安全的技术发展非常快，本书的选材和编写还有一些不尽如人意的地方，加上编者学识水平和时间所限，书中难免存在缺点和谬误，敬请同行专家及读者指正，以便进--步完善提高。

目 录

第一章　建筑施工机械与设备管理

第一节　机械与设备固定资产管理

一、机械与设备固定资产的组价

（一）机械与设备固定资产的原值

原值又称原始价值或原价，是企业在制造、购置某项机械与设备固定资产时实际发生的全部费用支出，包括制造费、购置费、运杂费和安装费等，或以债务重组取得的资产的价值。它反映机械固定资产的原始投资，是计算折旧的基础。

（二）机械与设备固定资产的净值

净值又称折余价值，是机械与设备固定资产原值减去其累计折旧的差额，反映继续使用中的机械与设备固定资产尚未折旧部分的价值。通过净值与原值的对比，可以了解企业机械与设备固定资产的平均新旧程度。

（三）机械与设备固定资产的重置价值

重置价值又称重置完全价值，是按照当时生产和市场价格水平，将设备视为重新购置所需全部支出。一般在企业获得馈赠或盘盈机械与设备固定资产无法确定原值时，经有关部门批准，企业对机械与设备固定资产进行的重新估价。

（四）机械与设备固定资产的残值

机械与设备固定资产的残值是指固定资产报废时的残余价值。

二、机械与设备固定资产的折旧

（一）机械与设备固定资产折旧年限

机械与设备固定资产折旧年限是企业按照法律、法规的规定，结合企业管理权限由企业自行制定并经有关会议研究形成文字，报有关部门备案。其一经批准，企业即以文件形式固定下来，不应随意改变。机械与设备固定资产折旧年限原则上要与其预定的经济使用年限或平均使用年限相一致。确定机械与设备固定资产折旧年限时，应考虑表 1-1 中的各项因素。

表 1-1　机械与设备固定资产折旧年限的影响因素

序号	影响因素	内容
1	有形损耗	包括两个方面： （1）由于使用产生的物质磨损，即在使用过程中，由物质实体相对运动造成的磨损、腐蚀等； （2）虽未使用，但物质实体受到自然力的侵蚀（如锈蚀、酸蚀、变形等）而造成的自然损耗
2	无形损耗	包括两种情况： （1）由于劳动生产率的提高，生产同样效能的设备成本降低，价格便宜，使原有设备的价格相应降低所造成的损失，又称价值损耗； （2）由于新技术的出现，使原有资产贬值造成的损耗，又称效能损耗。 这两种损耗速度的快慢，决定折旧年限的长短
3	投资回报期限	（1）回收期过长则投资回收慢，会影响机械与设备正常更新和改造的进程，不利于企业技术进步； （2）回收期过短则会提高生产成本，降低利润，不利于市场竞争

总之，机械与设备固定资产折旧年限对企业长期发展是至关重要的。为此，企业在制定机械与设备固定资产折旧年限时，要依照国家的法律、法规和行业有关规定，结合企业的实际情况确定。

（二）机械与设备固定资产计提折旧的方式

施工企业机械与设备固定资产计提折旧一般有以下三种方式：

1. 综合折旧

即按企业全部固定资产综合折算的折旧率计提折旧额。这种方式简便易行，但不能根据固定资产的性质、结构和使用年限而采用不同的折旧率，目前已很少采用。

2. 分类折旧

即按分类折旧年限的不同，将固定资产进行归类，计提折旧。这是国家颁发折旧条例中要求企业实施的方式。

3. 单项折旧

即按每项固定资产的预定折旧年限或工作量定额分别计提折旧，适用于工作量法、加速折旧法计提折旧的机械与设备和固定资产调拨、调动和报废时分项计算计提折旧。

（三）折旧的计算方法

折旧的计算方法很多，一般有线性折旧法、工作量法和加速折旧法。

1. 线性折旧法

线性折旧法也称为直线法或平均年限法，即根据固定资产原值、预计净残值率和折旧年限计算折旧。线性折旧法适用的条件包括：资产效益的降低是时间流逝的函数，而不是使用状况的函数；利息因素可忽略不计；在资产使用年限中，修理、维修费用，操作效率均基本不变。

线性折旧法的计算公式为

$$年折旧率 = （1-预计净残值率）÷折旧年限×100\%$$

年折旧额的计算公式为

$$年折旧额 = 固定资产原值×年折旧率$$

2. 工作量法

工作量法实际上也是直线法，只不过是按照固定资产所完成工作量平均计算每期的折旧额。工作量法适用于专用设备折旧的计算。

（1）交通运输企业和其他企业专用车队的客货运汽车，按照行驶里程计算折旧费，其计算公式如下：

$$单位里程折旧费 = 原值×（1-预计净残值率）÷规定的总行驶里程$$

$$年折旧费 = 单位里程折旧费×年实际行驶里程$$

（2）大型专用设备，可根据工作小时计算折旧费，其计算公式如下：

$$每工作小时折旧费 = 原值×（1-预计净残值率）÷规定的总工作小时$$

$$年折旧费 = 每工作小时折旧费×年实际工作小时$$

3. 加速折旧法

加速折旧法又称递减折旧费用法，是指在固定资产使用前期提取折旧费较多，在后期提得较少，使固定资产价值在使用年限内尽早得到补偿的折旧计算方法。它是一种鼓励投资的措施，国家先让利给企业，加速回收投资，增强还贷能力，促进技术进步。加速折旧法的适用条件包括：修理和维修费是递增的；收入和操作效率是递减的；承认固定资产在使用过程中所实现的利息因素；后期收入难以预计。

加速折旧的方法很多，有双倍余额递减法和年数总和法等。

（1）双倍余额递减法

双倍余额递减法是以平均年限法确定的折旧率的双倍乘以固定资产在每一会计期间的期初账面净值，从而确定当期应提折旧的方法。其计算公式为

$$年折旧率 = 2 \div 折旧年限 \times 100\%$$

$$年折旧额 = 固定资产净值 \times 年折旧率$$

实行双倍余额递减法时，应在折旧年限到期前两年内，将固定资产净值扣除净残值后的净额平均摊销。

（2）年数总和法

年数总和法是以固定资产原值扣除预计净残值后的余额作为计提折旧的基础，按照逐年递减的折旧率计提折旧的一种方法。采用年数总和法的关键是每年都要确定一个不同的折旧率。其计算公式为

$$年折旧率 = （折旧年限 - 已使用年数） \div [折旧年限 \times （折旧年限 + 1） \div 2] \times 100\%$$

$$年折旧额 = （固定资产原 - 预计净残值） \times 年折旧率$$

由于固定资产到了后期，需要修理的次数增多，发生事故的风险增大，所以使用时间减少，收入也随之减少；另一方面，由于操作效率通常将降低，导致产品产量减少，质量下降，也会使收入减少。另外，效率降低还会造成燃料、人工成本的升高，乃至原材料使用上的浪费；加上修理和维修费不断增加，以及设备陈旧，竞争乏力，均会使资产的净收入在后期少于前期。因而在大多数情况下，选择加速折旧是合理的。

三、机械与设备的保值、增值

保值、增值是物有所值和物超所值。保值是对机械与设备资产管理的最低底线。企业对机械与设备的管理必须力求在保值的基础上达到增值，以保证企业机械与设备的良性循环，推动机械与设备资产经营效益和企业生产力的增长。

（一）机械与设备保值、增值的途径

机械与设备保值、增值的途径即加强机械与设备的日常维护和保养。只有保养及时、到位，才能使机械与设备少出问题或不出问题，从而减少维修次数，降低维修费用。通过机械与设备的日常保养工作，还能及时发现机械与设备的故障，并及时采取措施，避免出

现大的故障或机械与设备事故，从而降低维修费用和使用成本，使机械与设备始终处于完好状态，提高机械与设备的利用率并延长机械与设备的使用寿命。

（二）机械与设备固定资产保值、增值的考核

进行机械与设备固定资产保值、增值的考核有利于推动机械与设备资产经营和企业生产力的提高。施工企业应该制定对机械与设备保值、增值的考核指标，见表1-2。

表1-2 机械与设备保值、增值的考核指标

序号	考核指标	计算公式	说明
1	机械与设备折旧提取率	机械与设备折旧提取率=报告期实提折旧额÷报告期应提折旧额×100%	机械与设备折旧提取率≥100%，应视为机械与设备资产处置已获得保值、增值的效果
2	机械与设备完好率	机械与设备完好率=报告期机械与设备完好台日数÷报告期机械与设备日历台日数×100%	延长机械与设备使用寿命，延长机械与设备的修理间隔期；减少维修费用支出，本身就是机械与设备科学管理效益的体现。设备完好率带动利用率（出租率）的增加，利用率的增加带动收益的增加，收益的增加越多，其增值越大。在机械与设备的考核过程中，不能孤立地对待其中某一台机械与设备，也不能以一台件为计算单位，关键是平衡考虑，一般以一个年度或一个工作周期为考核基准时段。以本企业现有机械与设备为基数，综合计算
3	机械与设备利用率	机械与设备利用率=报告期机械与设备实际作业台日数÷报告期机械与设备日历台日数×100%	

四、机械与设备固定资产管理实务

（一）采购与验收、入库

1. 采购

机械与设备的采购是确立了采购对象之后发生的公平的币、货交换过程。一般来说，一个企业关于机械与设备采购的基本程序如下：

（1）对采购产品的选型与确认，即货源验证；验证产品是否合格，是否能满足需求；产品及证明材料是否一致。（2）对生产厂家的认可，即厂家的技术能力、生产工艺、生产产品的历史及规模、售后服务等。（3）评估供方的社会信誉。（4）评估供方的经营诚信。

按上述程序对供方进行综合评估后，选择几家供方按照市场规则进行性价对比，再根

据企业内部的审批程序签订采购合同、履行合同。

2. 验收、入库

机械与设备到货后，应按合同进行验收。对机械与设备的验收主要是按有关标准规定做技术性能试验，对随机附件、易损备品配件、专用工具、有关技术资料等进行清点，填写《新机械与设备验收记录表》，如发现问题应立即与供方交涉，提出更换和索赔。

验收合格后，要做好验收交接记录，及时登记入账，填写机械与设备技术卡片，建立机械与设备技术档案及办理有关手续。

机械与设备入库要凭机械与设备管理部门的《机械与设备入库单》，并核对机械与设备型号、规格、名称等是否相符，认真清点随机附件、备品配件、工具及技术资料，经验收无误签认后，将其中一联通知单退还给机械与设备管理部门以示接收入库，并及时登记建立库存卡片。

（二）储存与保管

1. 储存要求

机械与设备存放时，要根据其构造、质量、体积、包装等情况，选择相应的仓库，按不同要求进行存放保管。

（1）存放机械与设备应逐台、逐套分开，避免混杂，要留有一定空间，便于维护和搬运。存放的机械与设备上要挂标牌，注明机械与设备的名称、型号、规格、编号、进库日期等。需要分开保管的装置、附件等都要挂上标牌，标注内容应与主机一致，并标注存放地点等。（2）受日晒雨淋等影响较小并有完整机室的大型机械与设备和体积庞大的设备等，可存放在露天仓库，要用枕木或条石垫底，使底部与地面保持一定距离。存放时要用篷布遮盖绑扎。机械与设备构件的非加工面要涂刷防锈漆，加工面涂油脂后再用油布包扎，防止锈蚀。（3）不宜日晒雨淋而受风沙与温度变化影响较小的机械与设备，如切割机、弯曲机、内燃机等和一些装箱的机电设备，可存放在棚式仓库。（4）受日晒雨淋和灰砂侵入易受损害、体积较小、搬运较方便的设备，如电气设备、工具、仪表以及机械与设备的备品配件和橡胶制品、皮革制品等，应储存在室内仓库。

2. 库存机械与设备的保管要求

（1）保持机械与设备清洁。入库前应将污渍、锈蚀擦拭干净，放尽机体内积水或冷却水，在金属表面涂以保护层，如防锈漆、润滑脂（不宜使用钠基润滑脂）等；对橡胶制品用纸包裹。（2）入库机械与设备应按类型、规格分别排列整齐，机体行列间距离应以搬运方便为标准。不耐压力的物体不得重叠堆放；不宜挤压、弯曲的物件应放平垫实。（3）精密的设备或仪器、仪表应装箱入库，箱内周围需衬垫油毛毡或防水纸，以防雨水潮气侵入。必要时，箱内应放干燥剂和衬垫防震材料；箱外应标明防震、怕压、不得卧置等标志。(4) 存放电动机、电焊机等电气设备的地点，必须干燥通风，不得与存放油污或有腐蚀性气体的物体接近，更不得在露天存放。露天存放机械与设备上的电动机，也应拆下存放室内。(5) 通向机械与设备内部的各管口，如进水口、加油口、通气口、检查孔等，均应用盖板或木塞封闭，特别是方向朝上的管口，必须严密堵塞。(6) 使用蓄电池的机械与设备，应将蓄电池从机体上拆下，送电工间保管。存放三个月以上时，应将蓄电池的电液放出并清洗，进行放电状态的干式保管或每月按规定进行充电的湿式保管。(7) 内燃发动机应定期 (1~2 个月，温度、湿度较高时应缩短时间) 启动运转几分钟，使其内部润滑，防止锈蚀。

(三) 机械与设备的保养

机械与设备应定期进行保养，一般情况下每月保养一次，潮湿季节每半月保养一次。其作业包括以下内容：

(1) 清除机体上的尘土和水分。(2) 检查零件有无锈蚀现象，封存油是否变质，干燥剂是否失效，必要时应进行更换。(3) 检查并排除漏水、漏油现象。(4) 有条件时使机械与设备空运转几分钟，并使工作装置动作，以清除相对运动零件、配件表面的锈蚀，改善润滑状况和改变受压位置。(5) 电动机械与设备根据情况进行通电检查。(6) 选择干燥天气进行保养，并打开库房门窗，通风换气。

(四) 机械与设备的报废、转移与处理

1. 机械与设备的报废或转移

机械与设备由于存在严重的有形或无形损耗，不能继续使用而退役，称为机械与设备报废。由于企业的发展，有的机械与设备已不适用，按照等价的原则抵出的称为转移。

(1) 机械与设备报废或转移的条件

①磨损严重，基础件已损坏，再进行大修已不能达到使用和安全要求的。②技术性能落后，耗能高，效率低，无修理改造价值的。③修理费用高，在经济上不如更新合算的。④属于淘汰机型，又无配件来源的。⑤企业不适用的。

(2) 机械与设备报废或转移的程序

①需报废或转移的机械与设备，由专家小组开展技术鉴定，如确认符合报废条件，应填写《机械与设备报废申请表》，按规定程序报批。②申请报废的机械与设备，应按规定提足折旧。由于使用不当、保管不善或由于事故造成机械与设备早期报废，查明原因后方可报废。

2. 机械与设备的处理

（1）闲置机械与设备的处理

①对闲置机械与设备要妥善保管，防止丢失和损坏。②企业要积极处理闲置或认为闲置的机械与设备，处理时或债务重组偿还债务时应合理作价，按质论价，并经双方协商同意，签订合同，按合同办事。③企业处理闲置机械与设备时，应建立集体决策制度、监督管理制度和完善的审批程序。④不要将国家明文规定淘汰、不许扩散和转让的机械与设备作为闲置机械与设备进行处理。

（2）报废机械与设备的处理

①对已报废机械与设备应及时处理，按政策规定淘汰的机械与设备不得转让。②对能利用的零部件可拆除留用，不能利用的作为原材料或废钢铁处理。

（五）机械固定资产的清查盘点

按照国家对企业机械固定资产进行清查盘点的规定，企业应每年不少于一次对机械固定资产进行清查盘点，清查盘点工作由企业主要领导负责：由总经理担任总盘点人，负责盘点工作的总指挥，督导盘点工作的进行及异常事项的裁决；由各部门的部门主管担任主盘点人，负责实际盘点工作的推动及实施；由主管部门相关负责人员担任盘点人，负责点计数量；由企业负责监督（审计）的部门派员担任监点人。

1. 制定清查盘点工作办法

《清查盘点工作办法》要明确清查盘点的目的、范围、盘点的方式、书写及格式要求、开始时间、截止日期、盘点表最后报表时间、对盘点出现的问题进行处理的方式。

2. 确定盘点程序

（1）机械与设备管理部门核对台账、卡片、实物。（2）机械与设备管理部门与财务部门核对账目。

3. 盘点注意事项

（1）所有参加盘点工作的人员，对于本身的工作职责及工作程序，必须清楚明了。
（2）盘点使用的单据、报表内所有栏目需修改处，均须经盘点有关人员签认方可生效。
（3）所有盘点数据必须以实际清点、磅秤计量或换算的确实资料为依据，不得以估算、猜想、伪造数据记录。

第二节 机械与设备资料管理

一、机械与设备登记卡片

机械与设备登记卡片是反映机械与设备主要情况的基础资料，由企业机械与设备管理部门建立，一机一卡，按机械与设备分类顺序排列，由专人负责管理，应及时填写。

该卡片一般可分为正面、反面两面。其主要内容包括：正面记载机械与设备各项自然情况，如机械与设备和动力的厂型、规格、主要技术性能，附属设备、替换设备等情况；反面记载机械与设备主要动态情况，如机械与设备运转、修理、改装、事故等。

二、机械与设备台账

机械与设备台账是掌握企业资产状况，反映企业各类机械与设备拥有量、机械与设备分布及其变动情况的主要依据，它以《企业机械与设备分类及编号目录》为依据，按机械与设备编号顺序排列，其主要内容是机械与设备的静态情况，由企业机械与设备管理部门建立和管理，作为掌握机械与设备基本情况的基础资料。

三、机械与设备技术档案

机械与设备技术档案是指机械与设备自购入（或自制）开始直到报废或转移为止整个过程中的历史技术资料，能系统地反映机械与设备物质形态运动的变化情况，是机械与设备管理不可缺少的基础工作和科学依据。

（一）机械与设备技术档案的内容

机械与设备技术档案由企业机械与设备管理部门建立和管理，其主要内容如下：

（1）机械与设备随机技术文件，包括：使用、保养、维修说明书，出厂合格证，零部件装配手册，随机附属装置资料，工具和备品明细表，配件目录等。（2）安装验收和技术试验记录。（3）改装、改造的批准文件和图纸资料。（4）送修前的检测鉴定、大修进场的技术鉴定、出厂检验记录及修理内容等有关技术资料。（5）事故报告单、事故分析及处理等有关记录。（6）机械与设备交接清单。（7）其他属于该机的有关技术资料。

（二）机械与设备履历书的内容

机械与设备履历书是一种单机档案形式，它是掌握机械与设备使用情况，进行科学管理的依据。其主要内容如下：

（1）试运转及走合期记录。（2）运转台时、产量和能源消耗记录。（3）保养、修理记录。（4）主要机件及配件更换记录。（5）机械运转交接记录。（6）事故记录。

（三）机械与设备技术档案的管理

机械与设备管理部门应有专人负责档案管理，做好如下工作：

（1）收集、整理、保管好机械与设备技术档案和有关技术资料。（2）做好编目、归档工作，及时提供档案资料，切实为生产、科研和提高机械与设备管理水平服务。

（四）机械与设备技术档案管理的注意事项

（1）原始资料一次填写入档；运行、消耗保养等记录按月填写入档；修理、事故、交接、改装、改造等及时填写入档。列入档案的文件、数据应准确可靠。（2）机械与设备报废或调动时，技术档案随报废而销毁，随调动而移交。（3）借阅技术档案应办理准借和登记手续。

第三节　机械与设备信息化管理

一、机械与设备信息化管理的必要性

进行机械与设备信息化管理的必要性主要表现在以下几个方面：

（1）机械与设备信息化管理是机械与设备管理现代化的重要基础。机械与设备综合管理、维修保养管理、状态监测与故障诊断等方面的新技术、新方法的有效应用，无不依赖完整、准确的机械与设备管理数据信息的收集与分析。（2）随着设备水平的不断提高，计算机管理将为提高机械与设备管理工作的质量和效率提供技术支持。（3）计算机的应用是保证机械与设备管理与其他管理同步发展的重要条件。（4）计算机化的机械与设备管理是使机械与设备管理规范化、高效率，减少随意性的必经之路。（5）有利于提高机械与设备资源利用率，辅助企业经营目标的实现。（6）利用计算机网络对机械与设备进行远程管理是施工企业进行野外施工和远距离施工的需要，有利于施工企业随时掌握企业机械与设备的分布利用情况、机械技术状况等。

二、机械与设备信息化管理的目标

（1）将机械与设备管理的各个方面集成一个规范化的体系，形成规范、科学、高效的机械与设备管理机制，以使机械与设备管理工作得到高效能的组织实施。（2）通过建立机械与设备管理的数据共享系统，监控机械与设备物质形态与价值形态的动态表现，辅助各级管理部门做出决策，确保企业对资产变动与投资效益的控制。（3）建立机械与设备管理的事务性工作处理系统，编制各类机械与设备管理的工作账表，并实施管理作业，能快速、准确、高质量和高效率地完成机械与设备管理工作。

三、机械与设备信息化管理的效益表现

机械与设备信息化管理的效益见表 1-3。

表 1-3　机械与设备信息化管理的效益

序号	项目	具体表现
1	提高机械与设备管理的工作效率	计算机强大的信息存储和处理能力可快速地完成日常账表制作、分类、分析、统计、比较等工作，因而提高了工作效率，减轻了工作人员的工作负荷
2	提高工作质量和管理水平	计算机对管理工作的标准化、规范化的要求可以促进管理工作水平和工作质量的提高；如果计算机的应用深入到现场作业管理，建立从现场主管部门管理的动态信息反馈机制，可有效地提高管理工作的科学化水平
3	提高机械与设备利用率	保障作业计划的准确性和科学性，间接减少养护、修理的次数和工时数，提高机械与设备的利用率
4	对施工机械使用费直接进行控制	在计算机管理中，所有机械与设备作业的记录都要求完整和准确，这就为机械与设备施工作业成本控制提供了量化的条件
5	保持最佳机械与设备投资利润率	综合利用机械与设备管理数据信息，监控机械的寿命周期和效益成本表现，为机械与设备投资和技术改造提供技术工艺标准和技术经济分析资料，保持最佳的机械与设备投资利润率
6	随时掌握机械与设备的状况	利用计算机网络对机械与设备进行远程管理，可以使企业的各级管理层及有关领导随时掌握企业机械与设备的分布利用情况和机械技术状况等

第二章　施工动力机械与设备

第一节　内燃机

一、内燃机型号

内燃机型号由阿拉伯数字（以下简称数字）、汉语拼音字母或国际通用的英文缩略字母（以下简称字母）组成。型号编制应优先选用表 2-1、表 2-2、表 2-3 规定的字母，允许制造商根据需要选用其他字母，但不得与表 2-1、表 2-2、表 2-3 规定的字母重复。符号可重叠使用，但应按图 2-1 的顺序表示。

表 2-1　汽缸布置形式符号

符号	含义
无符号	多缸直列及单缸
V	V 形
P	卧式
H	H 形
X	X 形

表 2-2　汽缸结构特征符号

符号	含义
无符号	冷却液冷却
F	风冷
N	凝气冷却
S	十字头式
Z	增压
ZL	增压中冷
DZ	可倒转

表 2-3 汽缸用途特征符号

符号	含义
无符号	通用型及固定动力（或制造商自定）
T	拖拉机
M	摩托车
G	工程机械
Q	汽车
J	铁路机车
D	发电机组
C	船用主机、右机基本型
CZ	船用主机、左机基本型
Y	农用三轮车（或其他农用车）
L	林业机械

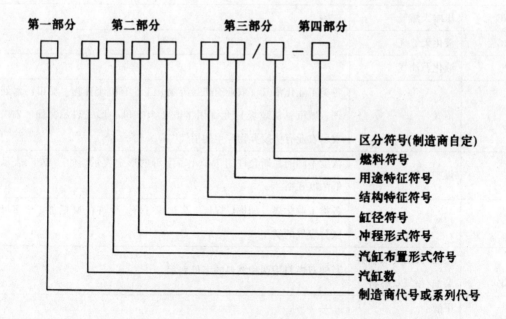

图 2-1 型号表示方法

第一部分：由制造商代号或系列符号组成。本部分代号由制造商根据需要选择相应 1 ~3 位字母表示。

第二部分：由汽缸数、汽缸布置形式符号、冲程形式符号、缸径符号组成。汽缸数用 1 或 2 位数字表示；汽缸布置形式符号按表 2-1 的规定选用；冲程形式为四冲程时符号省 略，二冲程时用 E 表示；缸径符号一般用缸径/行程数表示，亦可用发动机排量或功率数表示，其单位由制造商自定。

第三部分：由结构特征符号、用途特征符号和燃料符号组成。前两个符号分别按表2-2、表2-3的规定选用。燃料符号见表2-4。

第四部分：区分符号，同系列产品需要区分时，允许制造商选用适当符号表示。

第三部分、第四部分可用"一"分隔。

内燃机的型号应简明，第二部分规定的符号必须表示，但第一部分、第三部分及第四部分符号允许制造商根据具体情况增减，同一产品的型号应一致，不得随意更改。由国外引进的内燃机产品，允许保留原产品型号或在原型号基础上进行扩展。

表2-4　燃料符号

符号	燃料名称	备注
无符号	柴油	—
P	汽油	—
T	天然气（煤层气）	管道天然气
CNG	压缩天然气	—
LNG	液化天然气	—
LPG	液化石油气	—
Z	沼气	各类工业化沼气（农业有机废弃物、工业有机废弃物、城市污水处理、城市有机垃圾）允许用1或2个字母的形式表示，如"ZN"表示农业有机废弃物产生的沼气
W	煤矿瓦斯	浓度不同的瓦斯允许用1个小写字母的形式表示。如"Wd"表示低浓度瓦斯
M	煤气	各类工业化煤气如焦炉煤气、高炉煤气等。允许在M后加1个字母区分煤气的类型
S	柴油/天然气双燃料	其他双燃料用两种燃料的字母表示
SCZ	柴油/沼气双燃料	
M	甲醇	—
E	乙醇	—
DME	二甲醇	—
FME	生物柴油	—
注：1. 一般用1~3个拼音字母表示燃料，亦可用英文缩写字母表示。		
2. 其他燃料允许制造商用1~3个字母表示。		

二、内燃机分类

常用的往复活塞式内燃机分类方法如下：

（1）按所用燃料不同，可分为柴油机、汽油机、煤气机等。（2）按一个工作循环的冲程数不同，可分为四冲程内燃机和二冲程内燃机。（3）按燃料点火方式不同，可分为压燃式内燃机和点燃式内燃机。（4）按冷却方式不同，可分为水冷式内燃机和风冷式内燃机。（5）按进气方式不同，可分为自然吸气式内燃机和增压式内燃机。（6）按汽缸数目不同，可分为单缸内燃机和多缸内燃机。（7）按汽缸排列方式不同，可分为直列立式、直列卧式、V形、对置式内燃机。（8）按用途不同，可分为固定式和移动式。施工机械内燃机都为移动式。

三、内燃机构造组成

内燃机由机体、曲柄连杆机构、配气机构、燃油供给系统、润滑系统、冷却系统和启动装置等组成。

（一）机体

机体主要包括汽缸盖、汽缸体和曲轴箱。机体是内燃机各机构、各系统的装配基体。

（二）曲柄连杆机构

曲柄连杆机构是实现工作循环，完成能量转换的主要机构，由活塞组、连杆组和曲轴飞轮组组成。

1. 活塞组与连杆组

活塞组包括活塞、活塞销和挡圈等零件，连杆组包括连杆、连杆螺栓和连杆轴瓦等零件。图2-2所示为6135Q型柴油机活塞组与连杆组的装配关系。

2. 曲轴飞轮组

曲轴飞轮组主要由曲轴和飞轮及其他零件和附件组成。零件和附件的种类与数量取决于内燃机的结构和性能要求。图2-3所示为东风EQ6100—1型发动机曲轴飞轮组构造示意图。

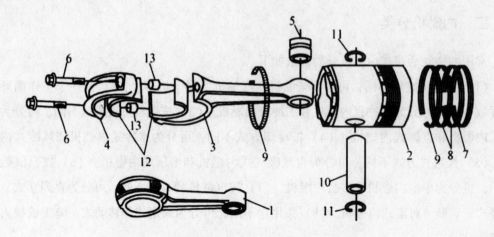

图 2-2　6135Q 型柴油机活塞组与连杆组的装配关系

1—连杆总成；2—活塞；3—连杆；4—连杆盖；

5—连杆小端衬套；6—连杆螺栓；7—多孔镀铬气环；8—气环；

9—油环；10—活塞销；11—挡圈；12—连杆轴瓦；13—定位套筒

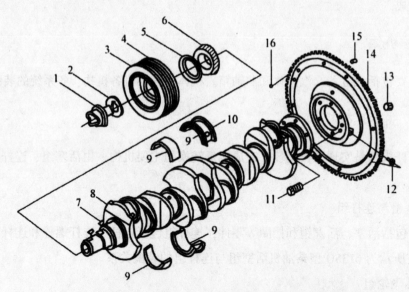

图 2-3　东风 EQ 6100—1 型发动机曲轴飞轮组构造示意图

1—启动爪；2—锁紧垫圈；3—扭转减振器总成；4—皮带轮；

5—挡油片；6—正时齿轮；7—半圆键；8—曲轴；9—主轴瓦；

10—止推片；11—飞轮螺栓；12—油脂嘴；13—螺母；

14—飞轮与齿圈；15—离合器盖定位销；16—六缸上止点标记用钢球

（三）配气机构

内燃机的配气机构由气门组和气门传动组组成。其作用是使新鲜空气或可燃混合气按一定要求在一定时刻进入汽缸，并使燃烧后的废气及时排出汽缸，保证内燃机换气过程顺利进行，并保证压缩和做功行程中封闭汽缸。根据气门在发动机燃烧室上的布置形式不同，气门可分为顶置式和侧置式两种，如图2-4和图2-5所示。

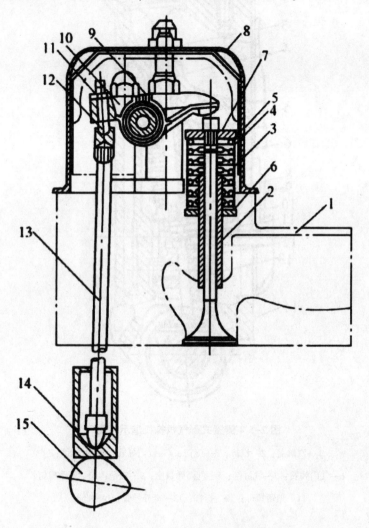

图2-4 顶置式配气机构构造示意图

1—汽缸盖；2—气门导管；3—气门；4—气门主弹簧；5—气门副弹簧；

6—气门弹簧座；7—锁片；8—气门室罩；9—摇臂轴；10—摇臂；

11—锁紧螺母；12—调整螺钉；13—推杆；14—挺杆；15—凸轮

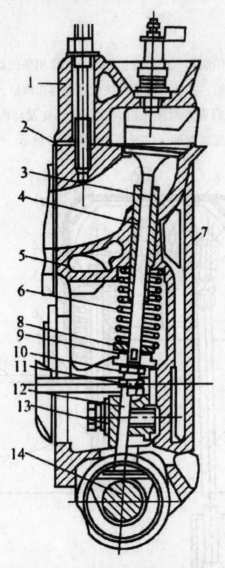

图 2-5　侧置式配气机构构造示意图

1—汽缸盖；2—汽缸；3—气门；4—气门导管；5—汽缸体；

6—气门弹簧；7—汽缸壁；8—气门弹簧座；9—锁销；10—调整螺钉；

11—锁紧螺母；12—挺杆；13—挺杆导管；14—凸轮

（四）燃油供给系统

　　燃油供给系统主要由燃油箱、滤清器（包括粗滤器、细滤器）、输油泵、喷油泵、喷油器、油管等组成，按照燃烧室结构要求的供油规律将燃油以高压、雾化的方式喷入燃烧室。为完成这些任务，柴油机燃油供给系统还必须设置自动调节供油量的装置，即调速器。图 2-6 为 4125A 型柴油机燃油供给系统及配气机构构造示意图。

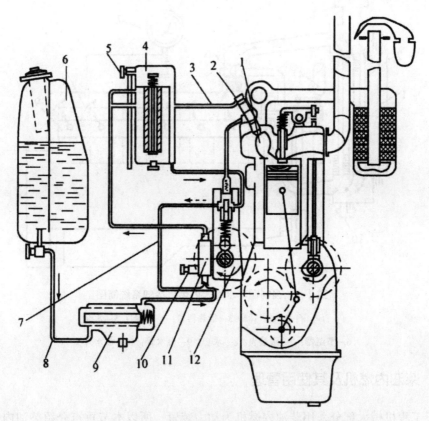

图 2-6　4125A 型柴油机燃油供给系统及配气机构构造示意图

1—涡流室；2—喷油器；3—排油管；4—细滤器；5—放气阀；6—燃油箱；

7—回油管；8—油管；9—粗滤器；10—手动油泵；11—输油泵；12—喷油泵

（五）润滑系统

润滑系统的基本任务就是将机油不断供给各零件的摩擦表面，减少零件的摩擦和磨损。润滑系统主要由机油泵、机油滤清器、机油散热器、机油温度表和机油压力表等组成。

（六）冷却系统

内燃机冷却系统的作用是保证内燃机正常的工作温度既不过高也不过低。内燃机的冷却方式有水冷和风冷两种。风冷式柴油机使用方便，启动时间短，故障少，冬天没有冻缸的危险，但驱动风扇所消耗的功率大，工作时噪声大，而且还有散热能力对气温变化不敏感等缺点，所以风冷式内燃机的应用没有水冷式内燃机普遍。强制循环水冷系统由水泵、散热器、冷却水套和风扇等组成。图 2-7 为强制循环水冷式内燃机冷却系统简图。

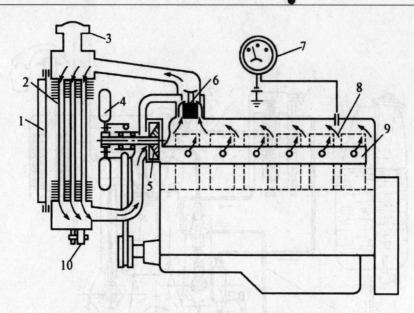

图 2-7　强制循环水冷式内燃机冷却系统简图

1—百叶窗；2—散热器；3—散热器盖；4—风扇；5—水泵；

6—节温器；7—水温表；8—水套；9—分水管；10—放水开关

四、柴油内燃机及其使用管理

由于工程机械大部分采用柴油内燃机为动力装置，所以本节重点介绍柴油内燃机的使用与管理。

（一）柴油内燃机的分类

1. 常用的往复式活塞柴油内燃机可按不同特征分类

（1）按转速分为高速、中速、低速柴油内燃机；（2）按燃烧室分为直接喷射式、涡流室式和预燃室式柴油内燃机；（3）按汽缸进气方式分为增压式和非增压式柴油内燃机；（4）按气体压力作用方式分为单作用式、双作用式和对置活塞式柴油内燃机；（5）按工作循环分为四冲程式和二冲程式柴油内燃机；（6）按冷却方式分为水冷式和风冷式柴油内燃机；（7）按汽缸分为单缸和多缸柴油内燃机；（8）按用途分为船用柴油内燃机、机车柴油内燃机、汽车柴油内燃机、发电柴油内燃机、农用柴油内燃机、施工机械柴油内燃机。

2. 往复式活塞柴油内燃机的组成部分

主要分为曲柄连杆机构、机体和汽缸盖、配气机构、供油系统、润滑系统、冷却系统、启动装置。

（二）柴油内燃机的工作原理

柴油内燃机是用柴油作燃料的内燃机。柴油的特点是自燃温度低，所以柴油发动机不需要火花塞之类的点火装置，它采用压缩空气的办法提高空气温度，使空气温度超过柴油的自燃温度，这时再喷入柴油，柴油喷雾和空气结合的同时自己点火燃烧。柴油内燃机属于压缩点火式发动机，在工作时吸入柴油内燃机汽缸内的空气，因活塞的运动而受到较高程度的压缩，达到 500~700℃ 的高温（压力是 40~50 个大气压），压燃做功，此时的温度可达 1 900~2 000℃（压力达 60~100 个大气压），功率大，因此柴油内燃机广泛应用于大功率的工程设备。

（三）柴油内燃机的性能指标

内燃机的主要性能指标包括有效功率 N_e、扭矩 M_e、转速 n、燃油消耗率 g_e 等。为表示内燃机性能指标的主要参数在各种工况下的变化规律，可用试验方法测得不同工况下的各种参数值，用平面坐标曲线表示出来，称为内燃机的特性曲线。

内燃机有速度特性、负荷特性和调速特性三种不同的表示方法，下面以柴油内燃机为例进行介绍。

1. 速度特性

当供油量调节机构位置一定时，柴油内燃机的功率、扭矩、耗油率等指标随转速变化的关系称为柴油内燃机的速度特性（图 2-8）。柴油内燃机与其配套机械工作时，最常用的是扭矩变化规律，即扭矩随转速变化的关系。

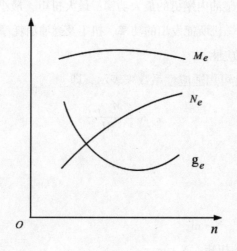

图 2-8　供油量调节机构处于一定位置时柴油内燃机的速度特性

当供油量调节机构处于不同位置时，循环供油量不同，所得速度特性也不同，如图2-9所示。

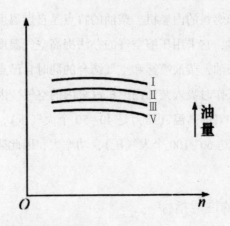

图2-9 供油量调节机构处于不同位置时所得的速度特性曲线组

（1）扭矩 M_e 的变化

在无任何损失的理想情况下，如每个工作循环内的供油量保持不变，则柴油机所做的功应相等，扭矩与做功的大小成比例，因此速度特性曲线中的扭矩应为一水平直线。

（2）功率 N_e 的变化

柴油内燃机的有效功率随转速而倍增，最大功率在最大转速范围内。如转速继续增高，由于燃烧情况恶化，摩擦损失增大，功率反而下降。

（3）燃油消耗率 g_e 的变化

转速由小逐渐增大，燃油消耗率逐渐下降，但到一定（中等）转速时，燃油消耗率最低，此后随着转速增高而逐渐增大。因此，可以得到一个与最小燃油消耗率相对应的转速。

速度特性曲线显示了柴油内燃机的最大功率、最大扭矩、最小燃油消耗率所对应的转速以及不同转速下，柴油内燃机所能发出的功率、扭矩及燃油消耗率等，从中可选择柴油内燃机最有利的转速范围和适应性。

柴油内燃机的适应性可用适应性系数来表示，即

$$K = \frac{M_{e,\,max}}{M_e}$$

式中：

K ——适应性系数；

$M_{e,\,max}$ ——最大扭矩，N·m；

M_e ——最大功率时的扭矩，N·m。

柴油内燃机适应性系数越高，用以克服外界负荷（阻力矩）的能力储备越大，使用时

的适应性也越强（在外界负荷增大时保持柴油内燃机一定转速）。一般柴油内燃机的适应性系数为 1.05~1.10。采用校正措施时，可提高到 1.10~1.24。

2. 负荷特性

负荷功率随负荷点端电压变动而变化的规律，称为负荷的电压特性；负荷功率随电力系统频率改变而变化的规律，称为负荷的频率特性；负荷功率随时间变化的规律，称负荷的时间特性。但一般习惯上把负荷的时间特性称为负荷曲线（有日负荷曲线、年负荷曲线等），而把负荷的电压特性和负荷的频率特性统称为负荷特性。

反映负荷点电压（或电力系统频率）的变化达到稳态后负荷功率与电压（或频率）的关系，称为负荷的静态特性；反映负荷点电压（或电力系统频率）急剧变化过程中负荷功率与电压（或频率）的关系，称为负荷的动态特性。

负荷功率又分为有功功率和无功功率。这两种功率的变化规律差别很大。将上述各种特征相组合，就确定了某一种特定的负荷特性，例如有功功率静态频率特性、无功功率静态电压特性等。

电力系统的负荷的主要成分是异步电动机、同步电动机、电热电炉、整流设备、照明设备等。在不同负荷点，这些用电设备所占的比重不同，用电情况不同，因而负荷特性也不同。

3. 调速特性

调速器的调速特性是指喷油泵供油调节拉杆的位置随喷油泵凸轮轴转速而变化的规律。通常它用特性曲线的形式来表示。

两极式调速器的调速特性：

全程式调速器和两极式调速器的调速特性曲线可以看出，操纵杆在全负荷位置时它们的特性曲线形状相似（带校正装置），但部分特性曲线不相同。

全程式调速器操纵杆在不同位置，调速器起作用转速不同，使调速器有无数个调速范围，都能根据负荷的变化自动调速。两极式调速器不管操纵杆在任何位置，其调速器起作用转速不变，只有在怠速和高速调节范围可以自动调节。

第二节　电动机

一、直流电动机

（一）组成

直流电动机主要由定子（固定的磁极）和转子（旋转的电枢）组成，在定子与转子之间留有气隙。图2-10为直流电动机构造示意图。

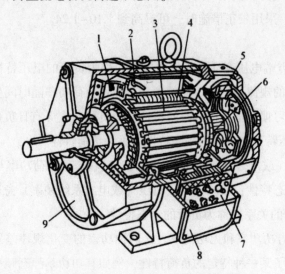

图2-10 直流电动机构造示意图

1—风扇；2—机座；3—电枢；4—主磁极；5—刷架；

6—换向器；7—接线板；8—出线盒；9—端盖

1. 定子

定子由主磁极、电刷和机座等组成。主磁极由主磁极铁芯和励磁绕组构成，如图2-11所示。

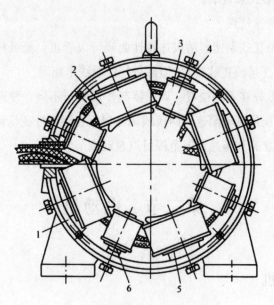

图2-11 直流电动机定子构造示意图

1—机座；2—主磁极绕组；3—换向极绕组；

4—非磁性垫片；5—主磁极铁芯；6—换向极铁芯

定子为了导磁，机座采用钢板或铸钢制成，或用硅钢片冲压叠成。为了帮助换向，定子除主磁极外，还有换向极和补偿极。

直流电动机的机座（又称磁轭）是磁路的一部分，由铸钢或铸铁制成。机座内安装主磁极和换向磁极。磁极由 1 mm 左右厚的钢片叠成，用螺栓固定在机座上，如图 2-12 所示为具有励磁绕组的磁极。主磁极包括极身和极掌，用来产生电动机的主要磁场。极身上安装励磁绕组，极掌使电动机空气隙内磁感应强度呈最有利的分布。换向磁极装在两相邻主极之间，用来改善换向性能。

2. 转子

转子又称电枢，主要由电枢和换向器组成，它们一起装在电动机的转轴上。电枢铁芯由 0.5 mm 厚硅钢片叠成，片间涂以绝缘漆以减小涡流损耗。

电枢一端的轴上装有换向器，换向器由许多铜片组成，铜片之间用云母环隔离保持绝缘如图 2-13 所示。

换向器的作用是和电刷一起把直流电变换为电枢绕组所需要的交流电，即对通入绕组的电流起换向的作用。

与换向器滑动接触的炭质电刷借助弹簧的压力与换向器保持接触，每一电刷对应一主磁极，电刷的"+""-"极性与磁极的"N""S"极相对应。

电动机中有两个电路：定子的励磁绕组电路和转子线圈的电枢电路。图 2-14 所示为直流电动机各部分的组成，图 2-15 所示为两极（具有两个磁极）直流电动机的磁路情况。

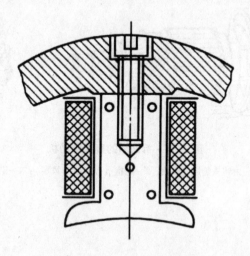

图 2-12　具有励磁绕组的磁极

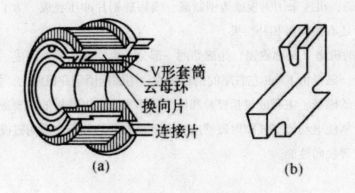

图 2-13 换向器构造示意图

（a）换向器；（b）换向片

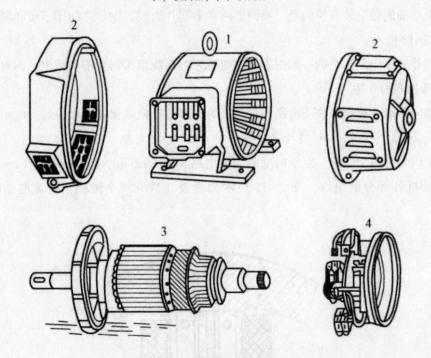

图 2-14 拆卸后的直流电动机

1—机座；2—由铸铁制成的端盖；3—电枢（左端装有风扇）；4—刷握及电刷架

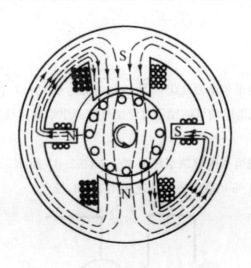

图 2-15 两极直流电动机的磁路情况

（二）工作原理

直流电动机是将电源输入的电能转变为从转轴上输出的机械能的电磁转换装置。其工作原理如图 2-16 所示。定子励磁绕组接入直流电源，便有直流电通入励磁绕组内，产生励磁磁场。当电枢绕组引入直流电并经电刷传给换向器，再通过换向器将此直流电转化为交流电进入电枢绕组，并产生电枢电流，此电流产生磁场，与励磁磁场合成为气隙磁场。电枢绕组切割气隙合成磁场，这就是直流电动机的简单工作原理。

从以上分析可知，当电枢导体从一个磁极范围内转到另一个异性磁极范围内，即导体经过中性面时，导体中电流的方向也要同时改变，这样才能保证电枢继续朝同一方向旋转。

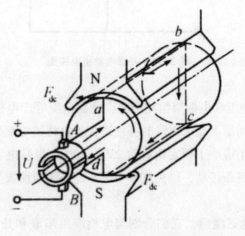

图 2-16 直流电动机工作原理示意图

（三）常见类型

1. 他励电动机

他励电动机的励磁绕组与电枢绕组如图 2-17 所示。图 2-17 中 L_F 线圈代表励磁绕组，G 代表电枢（下同）。他励电动机的励磁电流由外电源供给电枢线圈与励磁绕组。

2. 并励电动机

并励电动机的励磁绕组和电枢绕组相并联，如图 2-18 所示。并励直流电动机的转速是基本恒定的，它适用于带负载后要求转速变化不大的场合。

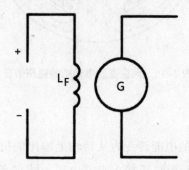

图 2-17　他励电动机电路图

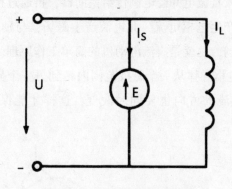

图 2-18　并励电动机电路图

3. 串励电动机

串励电动机的励磁绕组和电枢绕组相串联，励磁电流等于电枢电流，如图 2-19 所示。串励电动机转速随转矩增加而显著下降的特性适合于负载转矩变化很大的场合。一般串励电动机运行的最小负载不应小于额定负载的 25%~30%。串励电动机与生产机械必须直接连接，禁止使用皮带或链条传动，以免皮带滑脱和链条断裂而发生严重的飞车事故。

4. 复励电动机

复励电动机有两个励磁绕组，它们分别与电枢绕组串联和并联，如图 2-20 所示。如果两个励磁绕组产生的磁通方向一致，就称为积复励；相反，则称为差复励。在空载或轻载运行时，复励电动机的电枢电流很小，串联绕组产生的磁通很小，电动机的磁场主要是由并励绕组建立的，其机械特性近于并励直流电动机。

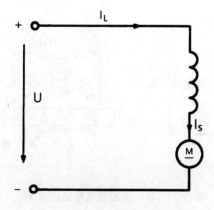

图 2-19　串励电动机电路图

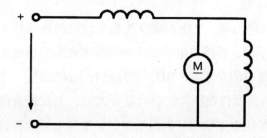

图 2-20　复励电动机电路图

由串励绕组建立的磁场起主要作用的复励电动机主要用于负载转矩变化很大而又可能出现空载的场合，如起重机等。其机械特性近于串励电动机，但在空载时，不会发生飞车的危险，克服了串励电动机不能空载或轻载运行的缺点。

并励、串励、复励电动机在做发电机时，其励磁电流都是由电动机本身供给，故统称为自励发电机。

当自励发电机从静止状态开始旋转时，由于磁极中有少量剩磁存在，电枢绕组切割剩磁的磁力线，首先感应出一个不大的剩磁电动势，通过电刷返回励磁绕组产生电流。如果该电流产生的磁场方向与剩磁磁场方向相同，则磁场加强，使电枢电动势也增大，励磁电流随之增大，如此反复直到电枢端电压稳定在某一定值。

（四）安全使用技术

1. 接线

直流电动机的接线一定要正确，并保证接线牢固可靠，否则会引起事故。串、并励直流电动机内部接线关系以及在接线板出线端的标记如图 2-21 所示。图中 A_1、A_2 分别表示电枢绕组的始端和末端；E_1、E_2 分别表示并励绕组的始端和末端；D_1、D_2 分别表示串励绕组的始端和末端；B_1、B_2 分别表示换向磁极绕组的始端和末端。

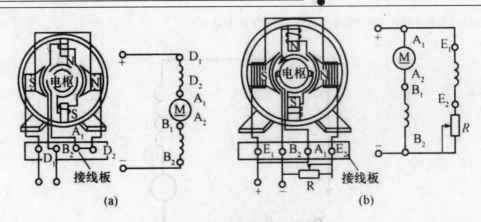

图 2-21 串、并励直流电动机的接线

(a) 串励电动机的接线；(b) 并励电动机的接线

2. 使用前的准备与检查

直流电动机正式投入使用前，工作人员应熟悉电动机的各项技术参数的含义，将电动机内外灰尘和杂物清扫干净，拆除与电动机连接的所有多余的接线。用兆欧表测量绕组对机壳的绝缘电阻，若绝缘电阻小于 0.5 MΩ，就应进行干燥处理。

上述准备工作完成后，要检查换向器表面是否光洁，如发现有烧痕或机械损伤，应进行研磨或车削处理；还要检查电刷与换向器的接触情况和电刷磨损情况，如发现接触不够紧密或电刷太短，应调整电刷压力或更换电刷。

3. 直流电动机运行检查

直流电动机运行过程中需要检查的内容见表 2-5。

表 2-5 直流电动机运行中的检查

序号	项目	内容
1	刷火情况	加强日常维护检查，是保证电动机安全运行的关键，运行维护人员首先应观察电动机刷火变动情况
2	换向器表面状态	刷火的变化同时会引起换向器表面状态的变化。正常的换向器表面因有氧化膜存在，呈现古铜色，颜色分布均匀，有光泽
3	电刷工作	对于换向正常的电动机，电刷与换向器表面接触的电刷工作面应呈现平滑、明亮的"镜面"
4	通风冷却系统	通风冷却系统出现故障时会使电动机温升增高。要求详细检查过滤器是否堵塞，电动机通风管是否堵塞，电动机内部灰尘是否影响电动机散热，冷却水是否正常，有无漏水现象发生。要求冷却水的水压不低于 9.8×10^4 Pa，进水温度不超过 25℃，出口水温差不得超过 10℃

序号	项目	内容
5	润滑系统	检查轴承温升,当环境温度在35℃以下时,滚动轴承温升为60℃,滑动轴承为45℃。要求轴承无渗油、漏油现象
6	电动机振动情况	直流机振动标准值见表2-6,不可超过此表允许的范围。按电动机容量、转速和振动值,据表2-7判别电动机运行时的振动情况是否良好

表 2-6 直流电动机在额定转速下的允许振动值

电动机转速/(r·min⁻¹)	容许双振幅/mm	电动机转速/(r·min⁻¹)	容许双振幅/mm
500	0.16	1 500	0.08
600	0.14	2 000	0.07
750	0.12	2 500	0.06
1 000	0.10	3 000	0.05

表 2-7 电动机振动值优劣情况 (mm)

电动机规格	最好	好	允许
100 kW 以上,1 000 r/min	0.04	0.07	0.10
100 kW 以上,1 500 r/min	0.03	0.05	0.09
100 kW 以上,1 500~3 000 r/min	0.01	0.03	0.05

4. 直流电动机安全操作要点

①必须先接通励磁电源,有励磁电流存在,然后再接通电枢电压。②在启动电动机时要采取限制启动电流的措施,使启动电流控制在额定电流的 1.5~2 倍。③采用手动方式调节外施电枢电压时,电压值不能升得太快,否则电枢电流会发生较大的冲击,所以要小心调节。④要保证必需的启动转矩,不可过大或过小。

分级启动时,控制附加电阻值,使每一级最大电流和最小电流大小一致。

二、交流电动机

(一) 三相异步电动机的构造

图 2-22 所示为三相异步电动机的外形,其内部结构主要由定子和转子两大部分组成,另外还有端盖、轴承及风扇等部件 (图 2-23)。

定子由机壳、定子铁芯、定子绕组三部分组成。机壳是电动机的支架,一般用铸铁或铸钢制成。机壳的内圆中固定着铁芯,机壳的两头端盖内固定轴承,用以支承转子。封闭式电动机机壳表面有散热片，可以把电动机运行中的热量散发出去。定子铁芯由 0.35~0.5 mm 厚的圆环形硅钢片叠压制成，以提供磁通的通路。铁芯内圆中有均匀分布的槽，槽中安放定子绕组。定子绕组是电动机的电流通道，一般由高强度聚酯漆包铜线绕成。三相异步电动机的定子绕组有 3 个，每个绕组由若干个线圈组成，线圈与铁芯间垫有青壳纸和聚酯薄膜以绝缘。

转子结构可分为笼形（以前称鼠笼形）和绕线形两类，笼形转子较为多见，主要由转轴、转子铁芯、转子绕组等组成。转轴一般用中碳钢制成，两端用轴承支承，转子铁芯和绕组都固定在转轴上，在端盖的轴上装有风扇，帮助外壳散热。转子铁芯由厚 0.35~0.5 mm 的硅钢片叠压制成，在硅钢片外圆上冲有若干个线槽，用以浇制转子笼条。

转子绕组是电机的电枢中按一定规律绕制和连接起来的线圈组，将转子铁芯的线槽内浇铸铝质笼条，再在铁芯两端浇铸两个圆环，与各笼条连为一体，就成为铸铝转子，如图 2-24 所示。

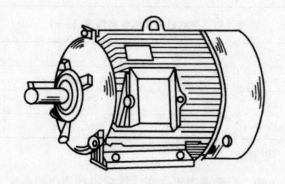

图 2-22 三相异步电动机外形示意图

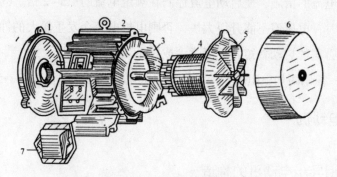

图 2-23 笼形电动机内部结构示意图

1—端盖；2—定子；3—定子绕组；4—转子；5—风扇；6—风扇罩；7—接线盖

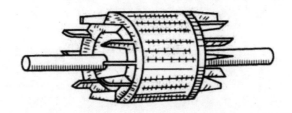

图 2-24 铸铝转子

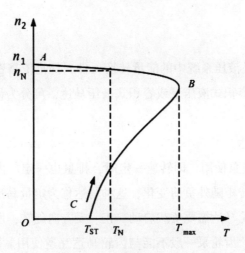

图 2-25 机械特性曲线

（二）三相异步电动机的机械特性

异步电动机在工作时，其电磁转矩随转差率而变化。当定子电压和频率为定值时，电磁转矩 T 和转子转速 n_2 之间的关系 $n_2 = f(T)$ 称为机械特性。

机械特性可用试验或计算的方法求出，机械特性曲线如图 2-25 所示。下面分别研究在实际中常用到的三个转矩，即启动转矩 T_{ST}、最大转矩 T_{max} 和额定转矩 T_N。

电动机在刚启动的一瞬间，$n_2 = 0$。此时的转矩称为启动转矩 T_{ST}。当启动转矩大于电动机轴上的阻力时，转子开始旋转。电动机的电磁转矩 T 沿着曲线的 CB 部分上升，经过最大转矩 T_{max} 后，又沿曲线 BA 部分逐渐下降，最后当 $T = T_N$ 时，电动机便以额定转速旋转，此时 $n_2 = n_N$。机械特性曲线中的 AB 段称为电动机的运行范围。

当轴上所拖动的机械负载大于最大转矩时，电动机将被迫停转，如不及时切断电源，便会烧毁电动机。所以，一般电动机的额定转矩 T_N 要比最大转矩 T_{max} 小得多。T_{max} 与 T_N 的比值 λ 叫作电动机的过载能力，即：

$$\lambda = \frac{T_{max}}{T_N}$$

一般来说，异步电动机的 λ 取值在 1.8~2.5 之间。

第三节 液压系统

一、液压系统的组成

（一）动力元件

液压泵和液压马达是液压系统中的能量转换元件，都是依靠密封工作空间的容积变化进行工作的，所以称为容积式液压泵或容积式液压马达，可分为齿轮泵、叶片泵、柱塞泵等类型。

1. 齿轮泵和齿轮马达

齿轮泵只能作为定量泵使用，即转速一定时，排量也一定。齿轮马达的输出转速只与输入流量有关，而输出转矩随外负荷变化，这种马达称为定量马达。齿轮马达和齿轮泵结构基本一致，但由于齿轮马达需要负载启动，正、反方向旋转，所以齿轮马达在实际结构上和齿轮泵是有差别的。齿轮泵一般不能与齿轮马达互逆使用。图 2-26 为齿轮泵工作原理图。齿轮 I 为主动齿轮，齿轮 II 为从动齿轮。齿轮在开始退出啮合一侧为吸油腔，齿轮轮齿退出啮合时，齿轮轮齿之间的容积增加，形成局部真空，油箱中的液压油在大气压的作用下进入吸油腔，完成吸油。随着齿轮的旋转，齿间的液压油液被带到齿轮进入啮合一侧，即压油腔。进入啮合的轮齿使齿轮轮齿之间的容积减少，液体便被排出泵体。

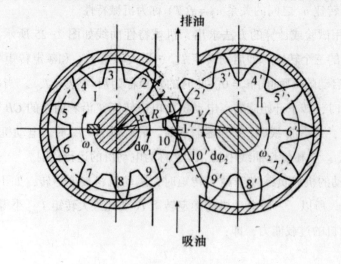

图 2-26 齿轮泵工作原理示意图

2. 叶片泵和叶片马达

叶片泵由定子、转子、叶片及壳体、端盖等主要零件组成，分单作用叶片泵和双作用叶片泵两种。单作用叶片泵可作为变量泵使用，即在转速不变的情况下可调整排量，其工作原理如图 2-27 所示；双作用叶片泵均为定量泵。叶片泵和叶片马达的工作压力均较低，为 6 MPa 左右，因此叶片泵和叶片马达在建筑机械上应用得不多。

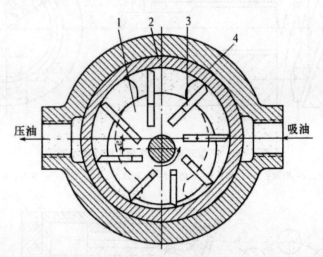

图 2-27　单作用叶片泵工作原理示意图

1—转子；2—定子；3—叶片；4—壳体

3. 柱塞泵和柱塞马达

柱塞泵和柱塞马达根据柱塞的排列方向分轴向柱塞泵和轴向柱塞马达、径向柱塞泵和径向柱塞马达两大类。轴向柱塞泵及轴向柱塞马达的特点：柱塞在泵体内沿轴向排列并在圆周上均匀分布，柱塞的轴线平行于泵的旋转轴线；工作压力较高，可达 35 MPa 以上；转速较高，可达 3 000 r/min；容积效率高，并且在结构上容易实现无级变量。轴向柱塞泵及轴向柱塞马达在国防和民用工业上都得到了广泛的应用，特别是在建筑机械中，一般液压系统工作压力大于 16 MPa 时，多采用这种泵及马达。

轴向柱塞泵及轴向柱塞马达按结构不同分为斜盘式和斜轴式两大类。斜盘式轴向柱塞泵由转动的缸体、固定的配流盘、传动轴、柱塞、滑靴、斜盘、回程盘、弹簧等主要零件组成，其工作原理如图 2-28 所示。斜盘式轴向柱塞泵作为马达使用时，其工作原理如图 2-29 所示。

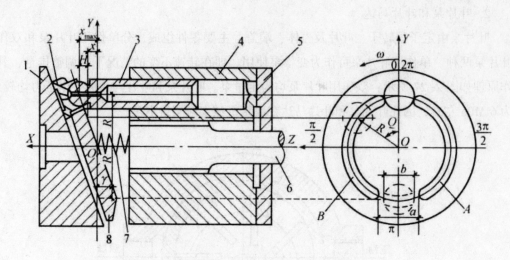

图 2-28　斜盘式轴向柱塞泵工作原理示意图

1—斜盘；2—滑靴；3—柱塞；4—缸体；5—配流盘；6—传动轴；7—弹簧；8—回程盘

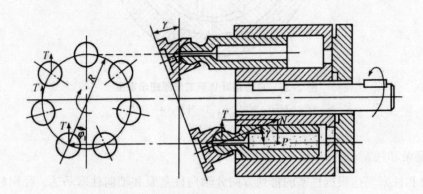

图 2-29　斜盘式轴向柱塞马达工作原理示意图

（二）执行元件

液压油缸是液压系统中的执行元件，用来执行直线往复运动完成工作装置的所需动作。液压油缸按运动方式分，有直线移动缸和回转摆动缸；按液压作用情况分，有单作用缸和双作用缸；按结构形式分，有活塞缸、柱塞缸、伸缩套筒缸和摆动缸等。建筑机械工作装置常用双作用单活塞杆油缸和双作用伸缩套筒式油缸。双作用伸缩套筒式油缸工作原理如图 2-30 所示。

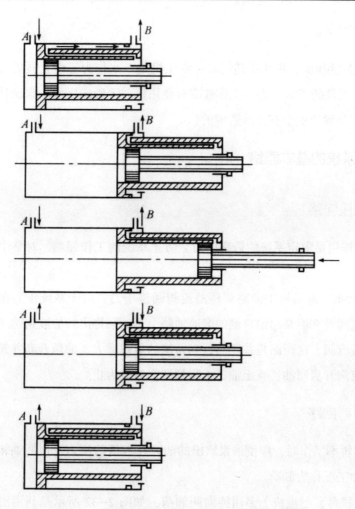

图 2-30 双作用伸缩套筒式油缸工作原理示意图

（三）控制元件

除了前述的液压泵、液压马达和液压油缸之外，还要有对机构进行控制和调节的一套液压元件，即阀类元件，简称控制阀。控制阀的种类很多，按其工作特性可分为压力控制阀、方向控制阀和流量控制阀三大类。

（四）辅助元件

液压系统的辅助元件包括密封件、油管及管接头、滤油器、蓄能器、油箱、冷却器等元件，从液压传动工作原理来看是起辅助作用，但从保证完成液压系统传递压强和运动的任务来看，这些元件都是非常重要的。

（五）工作介质

工作介质多为液压油，用来传递能量；水压机是以水作为工作介质的液压设备。液压油对液压系统和元件的正常工作、工作效率和使用寿命等影响极大。据统计，液压系统的故障中75%以上是液压油中有杂质造成的。

二、液压系统的基本回路

（一）调压回路

调压回路的作用是限定系统的最高压力，防止系统的工作超载，对整个系统起安全保护作用。

如图2-31所示，起重机主油路调压溢流阀调整压力，由于系统压力在油泵的出口处较高，所以溢流阀设在油泵出油口侧的旁通油路上，油泵排出的油液到达A点后，一路去系统，一路去溢流阀，这两路是并联的，当系统的负载增大、油压升高并超过溢流阀的调定压力时，溢流阀开启回油，直至油压下降到调定值时为止。

（二）卸荷回路

当执行机构暂不工作时，应使油泵输出的油液在极低的压力下流回油箱，减少功率消耗，油泵的这种工况称为卸荷。

卸荷的方法很多，起重机上多用换向阀卸荷，如图2-32所示是利用滑阀机能的卸荷回路，当执行机构不工作时，三位四通换向阀阀芯处于中间位置，这时进油口与回路口相通，油液流回油箱卸荷，图中M、H、K型滑阀机都能实现卸荷。

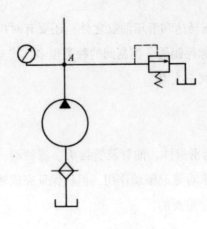

图2-31　调压回路

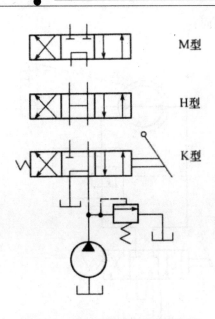

图 2-32 利用滑阀机能的卸荷回路

（三）限速回路

限速回路也称为平衡回路，起重机的起升马达、变幅油缸及伸缩油缸在下降过程中，由于荷载与自重的重力作用，有产生超速的趋势，运用限速回路可以可靠地控制其下降速度，如图 2-33 所示为常见的限速回路。

当吊钩起升时，压力油经右侧平衡阀的单向阀通过，油路畅通；当吊钩下降时，左侧通油，但右侧平衡阀回油通路封闭，马达不能转动，只有当左侧进油压力达到开启压力，通过控制油路打开平衡阀芯形成回油通路，马达才能转动使重物下降，如在重力作用下马达发生超速运转，则进油路供油不足，油压降低，使平衡阀芯开口关小，回油阻力增大，从而限定重物的下降速度。

（四）锁紧回路

起重机执行机构经常需要在某个位置保持不动，如支腿、变幅油缸与伸缩油缸等，这样必须把执行元件的进口油路可靠地锁紧，否则便会发生"坠臂"或"软腿"现象。

锁紧回路较危险。除用平衡阀锁紧外，还可用如图 2-34 所示的液控单向阀锁紧，它用于起重机支腿回路中。

当换向阀处于中间位置，即支腿处于收缩状态或外伸支撑起重机作业状态时，油缸上下腔被液压锁的单向阀封闭锁紧，支腿不会出现外伸或收缩现象，当支腿需外伸（收缩）时，液压油经单向阀进入油缸的上（下）腔，并同时作用于单向阀的控制活塞，打开另一单向阀，允许油缸伸出（缩回）。

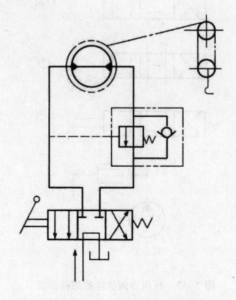

图 2-33　常见的限速回路

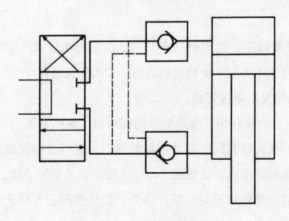

图 2-34　液控单向阀锁紧回路

（五）制动回路

如图 2-35 所示为常闭式制动回路，起升机构工作时，扳动换向阀，压力油一路进入油马达，另一路进入制动器油缸，推动活塞压缩弹簧从而松闸。

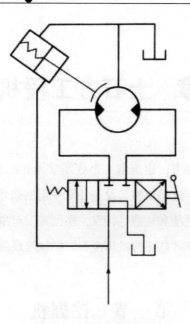

图 2-35 常闭式制动回路

第三章 土石方工程机械与设备

土石方机械与设备的种类很多，建筑施工企业经常用到的有挖掘机、装载机、推土机、铲运机、平地机、压实机械等，这些机械与设备各有一定的技术性能和合理的作业范围，施工组织者应熟悉它们的类型、性能和构造等特点，根据施工对象的条件和要求，合理选择施工机械与设备和施工方法，这样才能充分发挥土石方机械与设备的效率，提高经济效益。

第一节 挖掘机

一、挖掘机分类及特点

挖掘机的分类及其主要特点见表 3-1。

表 3-1 挖掘机的分类及其主要特点

分类方法	基本类型	主要特点
按土斗数目分	单斗挖掘机	循环式工作，挖掘时间占 15%~30%
	多斗挖掘机	连续式工作，对土壤和地形适应性较差，生产率最高
按构造特性分	正铲挖掘机	土斗安装在坚固的斗柄上，斗齿朝外，主要开挖停机面以上的土壤
	反铲挖掘机	土斗安装在坚固的斗柄上，斗齿朝内，主要开挖停机面以下的土壤
	拉铲挖掘机	土斗用钢丝绳悬吊在臂杆上，主要用于挖泥沙
	抓铲挖掘机	土斗具有活瓣，用钢丝绳悬挂在臂杆上，主要开挖水中土壤及装卸散粒材料
	其他机型	主要有刨土机、起重机、拔根机、打桩机、刷坡机等

分类方法	基本类型	主要特点
按操作动力分	杠杆操作	操作紧张，生产率低
	液压操作	操作平稳，作业范围较广
	气动操作	操作灵敏、省力，主要用于制造装置
按行走装置分	履带式	大、中型挖掘机，行走方便，对土壤压力小
	轮胎式	多为小型挖掘机，灵活机动，但越野性能较差
	轨道式	只行驶于轨道上
	步行式	一般用于大型的索铲
按动力装置分	柴油内燃机	机动性好
	电动机	要有电源，作业范围小
按铲斗容量分	大容量（≥3 m³）	生产率高，用于大土方工程
	中容量（1~3 m³）	介于大型和小型机械之间
	小容量（<1 m³）	灵活机动，工作面小，生产率低
按通用情况分	万能式（3 种以上的换装设备）	应用范围广，主要使用率高
	半通用式（2 或 3 种换装设备）	可用于正铲挖掘、反铲挖掘、起重等作业
	专用式（只一种工作设备）	专用作业的生产率较高

如表 3-1 所述，挖掘机的种类很多，单斗挖掘机是挖掘机械中使用最普遍的机械。

二、单斗挖掘机分类

单斗挖掘机主要是一种土方机械。在建筑工程中，单斗挖掘机可挖掘基坑、沟槽，清理和平整场地，是建筑工程土方施工中很重要的机械与设备。单斗挖掘机在更换工作装置后还可以进行破碎、装卸、起重、打桩等作业任务。

（一）按其工作装置分为正铲、反铲、拉铲、抓铲四种

正铲挖掘机的铲斗背向下安装在斗杆前端，由动臂支持，其挖掘动作由下向上，斗齿尖轨迹常呈弧线，适于开挖停机面以上的土壤。

反铲挖掘机的铲斗也与斗杆铰接，其挖掘动作通常由上向下，斗齿轨迹呈圆弧线，适于开挖停机面以下的土壤。反铲挖掘机的铲斗沿动臂下缘移动，动臂置于固定位置时，斗齿尖轨迹呈直线，因而可获得平直的挖掘表面，适于开挖斜坡、边沟或平整场地。

拉铲挖掘机的铲斗呈簸箕形，斗底前缘装斗齿。工作时，将铲斗向外抛掷于挖掘面上，

铲斗齿借斗重切入土中，然后由牵引索拉拽铲斗挖土，挖满后由提升索将斗提起，转台转向卸土点，铲斗翻转卸土。拉铲挖掘机可挖停机面以下的土壤，还可进行水下挖掘，挖掘范围大，但挖掘精确度差。

抓铲挖掘机的铲斗由两个或多个颚瓣铰接而成，颚瓣张开，掷于挖掘面时，瓣的刃口切入土中，利用钢索或液压缸收拢颚瓣，挖抓土壤。松开颚瓣即可卸土。用于基坑或水下挖掘，挖掘深度大，也可用于装载颗粒物料。土方工程中常用的中小型挖掘机，其工作装置可以拆换，换装上不同铲斗，可进行不同作业，还可改装成起重机、打桩机、夯土机等，故称通用（多能）挖掘机。采掘或矿用挖掘机一般只配备一种工作装置，进行单一作业，故称专用挖掘机。

（二）按其传动方式分为机械传动和液压传动两种

液压传动单斗挖掘机是利用油泵、液压缸、液压马达等元件传递动力的挖掘机。油泵输出的压力油分别推动液压缸或液压马达工作，使机械各相应部分运转，常见的是反铲挖掘机。反铲作业时，动臂放下，作为支承，由斗杆液压缸或铲斗液压缸将铲斗放在停机面以下并使之作弧线运动，进行挖掘和装土，然后提起动臂，利用回转马达转向卸土点，翻转铲斗卸土。整机行走采用左右液压马达驱动，马达正逆转配合，可以进、退或转弯。轮胎行走也有由发动机经变速箱、主传动轴和差速器传动的，但机构复杂。中小型机多采用双泵驱动，也有再添设一泵单独驱动回转机构的，可以节省功率。液压传动挖掘机的主要技术参数是铲斗容量，也有以机重或发动机功率为主要参数的。此种挖掘机结构紧凑、重量轻，常拥有品种较多的可换工作装置，以适应各种作业需要，操作轻便灵活，工作平稳可靠，故发展迅速，已成为挖掘机的主要品种。

三、单斗挖掘机构造与工作原理

单斗挖掘机主要由工作装置、回转机构、回转平台、行走装置、动力装置、液压系统、电气系统和辅助系统等组成。工作装置是可更换的，可以根据作业对象和施工的要求进行选用。图 3-1 所示为 EX200V 型单斗液压挖掘机构造简图。

工作装置是直接完成挖掘任务的装置。它由动臂、斗杆、铲斗三部分铰接而成。动臂起落、斗杆伸缩和铲斗转动都用往复式双作用液压缸控制。为了适应各种不同施工作业的需要，液压挖掘机可以配装多种工作装置，如挖掘、起重、装载、平整、夹钳、推土、冲击锤等多种作业机具。单斗挖掘机的动力装置有柴油内燃机驱动、电驱动（称电铲）、蒸汽机驱动和复合驱动等。其传动方式有机械传动和液压传动等。其行走装置有履带式、轮胎式、轨道式、步行式和浮式。转台可作 360°全回转或局部回转。建筑施工中常用的为柴油内燃机驱动、全回转、液压传动挖掘机。

回转与行走装置是液压挖掘机的机体，转台上部设有动力装置和传动系统。发动机是液压挖掘机的动力源，大多采用柴油，如果在方便的场地，也可改用电动机。

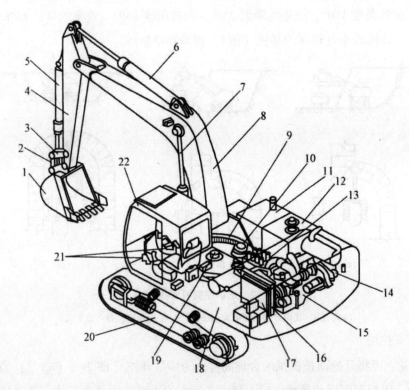

图 3-1　EX200V 型单斗液压挖掘机构造简图

1—铲斗；2—连杆；3—摇杆；4—斗杆；5—铲头油缸；6—斗杆油缸；7—动臂油缸；8—动臂；9—回转支撑；

10—回转驱动装置；11—燃油箱；12—液压油箱；13—控制阀；14—液压泵；15—发动机；16—水箱；

17—液压油冷却器；18—平台；19—中央回转接头；20—行走装置；21—操作系统；22—驾驶室

液压传动系统通过液压泵将发动机的动力传递给液压马达、液压缸等执行元件，推动工作装置动作，从而完成各种作业。

四、单斗挖掘机使用方法

（一）正铲挖掘机

1. 正向开挖、侧向装土法

正铲向前进方向挖土，汽车位于正铲的侧向装车［图 3-2（a）、（b）］。这种方法铲臂卸土回转角度最小（<90°），装车方便，循环时间短，生产效率高，用于开挖工作面较大但深度不大的边坡、基坑（槽）、沟渠和路堑等，为最常用的开挖方法。

2. 正向开挖、后方装土法

正铲向前进方向挖土，汽车停在正铲的后面［图3-2（c）］。本法开挖工作面较大，但铲臂卸土回转角度较大（在180°左右），且汽车要侧向行车，增加工作循环时间，生产效率降低（回转角度180°，效率约降低23%；回转角度130°，效率约降低13%）。这种方法用于开挖工作面较小且较深的基坑（槽）、管沟和路堑等。

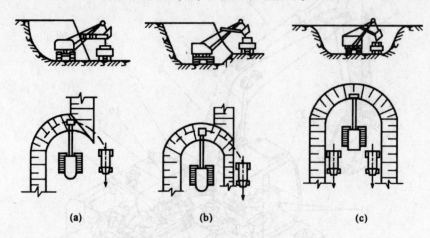

(a)　　　　　　　　(b)　　　　　　　　(c)

图3-2　正铲挖掘机开挖方式

（a），（b）正向开挖、侧向装土法；（c）正向开挖、后方装土法

3. 分层开挖法

分层开挖，可将开挖面按机械的合理高度分为多层开挖［图3-3（a）］；当开挖面高度不能成为一次挖掘深度的整数倍时，则可在挖方的边缘或中部先开挖一条浅槽作为第一次挖土运输的线路［图3-3（b）］，然后再逐次开挖直至基坑的底部。这种方法用于开挖大型基坑或沟渠，工作面高度大于机械挖掘的合理高度。

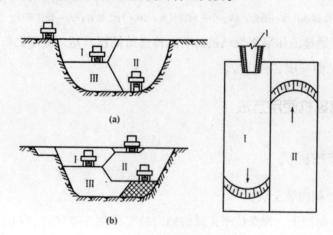

图3-3　分层开挖法

1—下坑通道；Ⅰ、Ⅱ、Ⅲ——一、二、三层

4. 多层开挖法

将开挖面按机械的合理开挖高度分为多层同时开挖，以加快开挖速度，土方可以分层运出，亦可分层递送，至最小层（或下层）用汽车运出（图3-4）。这种方法适用于开挖高边坡或大型基坑。

5. 中心开挖法

正铲先在挖土区的中心开挖，当向前挖至回转角度超过90°时，则转向两侧开挖，运土汽车按"八"字形停放装土（图3-5）。本法开挖移位方便，回转角度小（<90°）。挖土区宽度宜在40 m以上，以便于汽车靠近正铲装车。这种方法适用于开挖较宽的山坡地段或基坑、沟渠等。

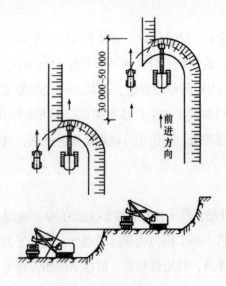

图 3-4　多层开挖法

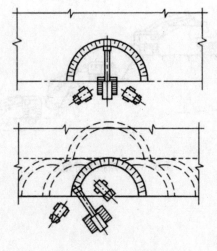

图 3-5　中心开挖法

（二）反铲挖掘机

（1）多层接力开挖法

使两台或多台挖土机在不同作业高度上同时挖土，边挖土边将土传递到上层，由地表挖土机连挖土带装土（图3-6）；上部可用大型反铲，中、下层用大型或小型反铲，进行挖土和装土，均衡连续作业。

一般两层挖土可挖深10 m，三层可挖深15 m左右。这种方法开挖较深基坑，可一次开挖到设计标高，避免汽车在坑下装运作业，提高生产效率，且不必设专用垫道。这种方法适于开挖土质较好、深10 m以上的大型基坑、沟槽和渠道。

（2）沟端开挖法

反铲停于沟端，后退挖土，同时往沟一侧弃土或装汽车运走〔图3-7（a）〕。挖掘宽度可不受机械最大挖掘半径的限制，臂杆回转半径仅45°~90°，同时可挖到最大深度。对较宽的基坑可采用图3-7（b）所示的方法，其最大一次挖掘宽度为反铲有效挖掘半径的两倍，但汽车须停在机身后面装土，生产效率降低。也可采用几次沟端开挖法完成作业。这种方法适于一次成沟后退挖土，挖出土方随即运走时采用，或就地取土填筑路基或修筑堤坝等。

（3）沟侧开挖法

反铲停于沟侧沿沟边开挖，汽车停在机旁装土或往沟一侧卸土〔图3-7（c）〕。这种方法铲臂回转角度小，能将土弃于距沟边较远的地方，但挖土宽度比挖掘半径小，边坡不好控制，同时机身靠沟边停放，稳定性较差。横挖土体和需将土方甩到离沟边较远的距离时可使用这种方法。

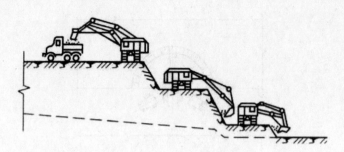

图3-6　多层接力开挖法

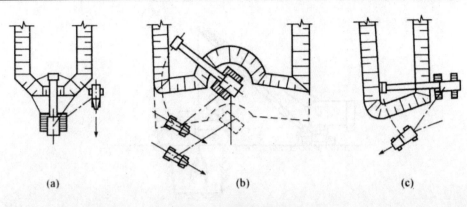

图 3-7　沟端及沟侧开挖法

（a）、（b）沟端开挖法；（c）沟侧开挖法

（4）沟角开挖法

反铲位于沟前端的边角上，随着沟槽的掘进，机身沿着沟边往后作"之"字形移动（图 3-8）。臂杆回转角度平均在 45°左右，机身稳定性好，可挖较硬的土体，并能挖出一定的坡度。这种方法适于开挖土质较硬、宽度较小的沟槽（坑）。

（三）抓铲挖掘机

对小型基坑，抓铲立于一侧抓土；对较宽基坑，则在两侧或四侧抓土。抓铲应离基坑边一定距离，土方可直接装入自卸汽车运走（图 3-9），或堆弃在基坑旁或用推土机推到远处堆放。挖淤泥时，抓斗易被淤泥吸住，应避免用力过猛，以防翻车。抓铲施工，一般均需加配重。

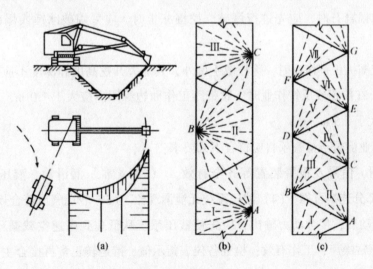

图 3-8　沟角开挖法

（a）沟角开挖平剖面；（b）扇形开挖平面；（c）三角开挖平面

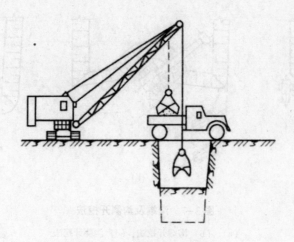

图3-9　抓铲挖掘机挖土

五、挖掘机安全操作

挖掘机的安全操作具体要求如下：

第一，单斗挖掘机的作业和行走场地应平整坚实，对松软地面应垫以枕木或垫板，沼泽地区应先作路基处理，或更换湿地专用的履带板。

第二，轮胎式挖掘机使用前应支好支腿并保持水平位置，支腿应置于作业面的方向，转向驱动桥应置于作业面的后方。采用液压悬挂装置的挖掘机，应锁住两个悬挂液压缸。履带式挖掘机的驱动轮应置于作业面的后方。

第三，平整作业场地时，不得用铲斗进行横扫或用铲斗对地面进行夯实。

第四，挖掘岩石时，应先进行爆破。挖掘冻土时，应采用破冰锤或爆破法使冻土层破碎。

第五，挖掘机正铲作业时，除松散土壤外，其最大开挖高度和深度不应超过机械本身性能的规定。在拉铲或反铲作业时，履带距工作面边缘距离应大于 1.0 m，轮胎距工作面边缘距离应大于 1.5 m。

第六，作业前重点检查项目应符合下列要求：

（1）照明、信号及报警装置等齐全有效。（2）燃油、润滑油、液压油符合规定。（3）各铰接部分连接可靠。（4）液压系统无泄漏现象。（5）轮胎气压符合规定。

第七，启动后，接合动力输出，应先使液压系统从低速到高速空载循环 10～20 min，无吸空等不正常噪声，工作有效；检查各仪表指示值，待运转正常再接合主离合器，进行空载运转，顺序操作各工作机构并测试各制动器，确认正常后，方可作业。

第八，作业时，挖掘机应保持水平，将行走机构制动，并将履带或轮胎搜紧。

第九，遇较大的坚硬石块或障碍物时，应待清除后方可开挖，不得用铲斗破碎石块、冻土，或用单边斗齿硬啃。

第十，挖掘悬崖时，应采取防护措施。作业面不得留有伞沿及松动的大块石，当发现有塌方危险时，应立即处理或将挖掘机撤至安全地带。

第十一，作业时，应待机身停稳后再挖土，当铲斗未离开工作面时，不得作回转、行走等动作。回转制动时，应使用回转制动器，不得用转向离合器反转制动。

第十二，作业时，各操作过程应平稳，不宜紧急制动。铲斗升降不得过猛，下降时，不得撞碰车架或履带。

第十三，斗臂在抬高及回转时，不得碰到洞壁、沟槽侧面或其他物体。

第十四，向运土车辆装车时，宜降低挖铲斗，减少卸落高度，不得偏装或砸坏车厢。在汽车未停稳或铲斗需越过驾驶室而司机未离开前不得装车。

第十五，作业中，当液压缸伸缩将达到极限位时，应动作平稳，不得冲撞极限块。

第十六，作业中，当需制动时，应将变速阀置于低速位置。

第十七，作业中，当发现挖掘力突然变化时应停机检查，严禁在未查明原因前擅自调整分配阀压力。

第十八，作业中不得打开压力表开关，且不得将工况选择阀的操作手柄放在高速挡位置。

第十九，反铲作业时，斗臂应停稳后再挖土。挖土时，斗柄伸出不宜过长，提斗不得过猛。

第二十，作业中，当履带式挖掘机作短距离行走时，主动轮应在后面，斗臂应在正前方与履带平行，制动住回转机构，铲斗应离地面1m。上、下坡道不得超过机械本身允许的最大坡度，下坡应慢速行驶。不得在坡道上变速和空挡滑行。

第二十一，轮胎式挖掘机行驶前，应收回支腿并固定好，监控仪表和报警信号灯应处于正常显示状态、气压表压力应符合规定，工作装置应处于行驶方向的正前方，铲斗应离地面1m，长距离行驶时，应采用固定销将回转平台锁定，并将回转制动板踩下后锁定。

第二十二，当在坡道上行走且内燃机熄火时，应立即制动并搋住履带或轮胎，待重新发动后，方可继续行走。

第二十三，作业后，挖掘机不得停放在高边坡附近和填方区，应停放在坚实、平坦、安全的地带，将铲斗收回平放在地面上，所有操作杆置于中位，关闭操作室和机棚。

第二十四，履带式挖掘机转移工地应采用平板拖车装运。短距离自行转移时，应低速缓行，每行走500~1 000 m，应对行走机构进行检查和润滑。

第二十五，保养或检修挖掘机时，除检查内燃机运行状态外，必须将内燃机熄火，并将液压系统卸荷,铲斗落地。

第二十六,利用铲斗将底盘顶起进行检修时,应使用垫木将抬起的轮胎垫稳,并用木楔将落地轮胎揿牢,然后将液压系统卸荷,否则严禁进入底盘下工作。

第二节　装载机

一、装载机分类及特点

装载机的分类及其主要特点见表3-2。

表3-2　装载机的分类及其主要特点

分类方法	类型	主要特点
按行走装置分	履带式:采用履带行走装置	接地比压低,牵引力大,但行驶速度低,车移不灵活
	轮胎式:采用两轴驱动的轮胎行走装置	行驶速度快,转移方便,可在城市道路上行驶,使用广泛
按回转方式分	全回转:回转台能回转360°	可在狭窄的场地作业,卸料时对机械停放位置无严格要求
	90°回转:铲斗的动臂可左右回转90°	可在半圆范围内任意位置卸料,在狭窄的地方也能发挥作用
	非回转式:铲斗不能加转	要求作业场地较宽
按传动方式分	机械传动:这是传统的传动方式	牵引力不能随外荷载的变化而自动变化,不能满足装载作业要求
	液力机械传动:当前普遍采用的传动方式	牵引力和车速变化范围大,随着外阻力的增加,车速自动下降而牵引力增大,并能减少冲击,减少动荷载
	液压传动:一般用于110 kW以下的装载上	可充分利用发动机功率,提高生产率,但车速变化范围窄,车速偏低

续表

分类方法	类型	主要特点
按卸料方式分	前卸式：铲斗在前端铲装和卸料	结构简单，卸料安全可靠，但需要整机转向，费时
	回转卸料式：铲斗可相对于车架转动一定角度	铲斗回转卸料，作业效率高，但侧向稳定性不好
	后卸式：铲斗随大臂后转180°到后端卸料	装载机不动就可直接向后面的运输车辆卸料，作业效率高，但铲斗要越过驾驶室，不安全，故应用不广
按铲斗额定装载量分	小型<1 m³	小巧灵活，配上多种工作装置，可用于市政工程的多种作业
	中型1~5 m³	机动性能好，配有多种作业装置，能适应多种作业要求，可用于一般工程施工和装载作业
	大型5~10 m³	铲斗容量大，主要用于大型土、石方工程
	特大型≥10 m³	主要用于露天矿山的采矿场，如与挖掘机配合，能完成矿砂、煤等物料的装车作业

二、装载机构造与工作原理

建筑工程土方施工中常用的装载机械为轮胎式装载机，本节以轮胎式装载机为例介绍装载机的构造和工作原理。

轮胎式装载机由动力系统、传动系统、工作装置、工作液压系统、转向液压系统、车架、操作系统、制动系统、电气系统、驾驶室、覆盖件、空调系统等构成，其总体构造如图3-10所示。

（一）动力系统

装载机的动力系统由动力源柴油内燃机以及保证柴油内燃机正常运转的附属系统组成，主要包括柴油机、燃油箱、油门操作总成、冷却系统、燃油管路等。柴油机通过双变驱动传动系统完成正常的行走功能；通过驱动工作液压系统带动工作装置完成铲运、提升、翻斗等动作；通过驱动转向液压系统，偏转车架，完成转向动作。

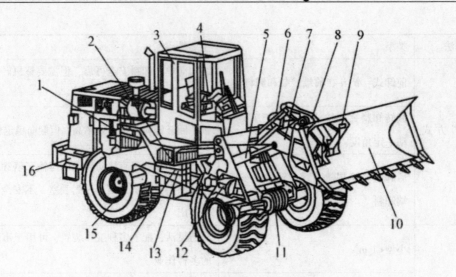

图 3-10　轮胎式装载机总体构造示意图

1—发动机；2—变矩器；3—驾驶室；4—操作系统；5—动臂油缸；

6—转斗油缸；7—动臂；8—摇臂；9—连杆；10—铲斗；11—前驱动桥；

12—传动轴；13—转向油缸；14—变速箱；15—后驱动桥；16—车架

（二）传动系统

传动系统由变矩器、变速箱、传动轴、前驱动桥、后驱动桥和车轮等组成。通过传动系统自动调节输出的扭矩和转速，装载机就可以根据道路状况和阻力大小自动变更速度和牵力，以适应不断变化的各种工况。挂挡后，从起步到该挡的最大速度之间可以自动无级变速，起步平稳，加速性能好。遇有坡度或突然的道路障碍，无须换挡而能够自动减速增大牵引力并以任意小的速度行驶，越过障碍；外阻力减小后，又能很快地自动增速以提高效率。当铲削物料时，能以较大的速度切入料堆并随着阻力增大而自动减速，提高轮边牵引力以保证切入。

发动机输出的动力经过液力变矩器传递给变速箱，经过变速箱的变速将特定转速通过传动轴驱动前后桥和车轮转动，达到以一定速度行走的功能。

（三）工作装置

装载机的工作装置由铲斗、动臂、摇臂、拉杆四大部件组成。动臂为单板结构，后端支承于前车架上，前端连着铲斗，中部与动臂油缸连接。当动臂油缸伸缩时，动臂绕其后端销轴转动，实现铲斗提升或下降。摇臂为单摇臂机构，中部与动臂连接，当转斗油缸伸缩时，使摇臂绕其中间支承点转动，并通过拉杆使铲斗上转或下翻。

（四）工作液压系统

装载机工作液压系统主要由工作泵、分配阀（分配阀由安全阀、转斗滑阀、转斗大腔双作用安全阀、转斗小腔安全阀、动臂滑阀等集成）、转斗油缸、动臂油缸、油箱等组成。

装载机工作装置液压系统大多采用比例先导控制，通过操作先导阀的操作手柄，即可改变分配阀内主油路油液的流动方向，从而实现铲斗的升降与翻转。装载机工装置作液压系统一般采用顺序回路，各机构的进油通路按先后次序排列，泵只能按先后次序向一个机构供油。

在工作过程中，液压油自油箱底部通过滤油器被工作泵吸入，从油泵输入具有一定压力的液压油进入分配阀。压力油先进转斗滑阀，转斗滑阀有三个位，操作该滑阀，使滑阀处于右位（大腔）或左位（小腔），可以分别实现斗的后倾、前倾动作。当转斗滑阀处于中位时，压力油进入动臂滑阀。动臂滑阀有四个位，操作滑阀从右到左的四个位，可以分别实现动臂的提升、封闭、下降和浮动动作。系统通过分配阀上的总安全阀限定整个系统的总压力，转斗大腔、小腔的双作用安全阀分别对转斗大腔、小腔起过载保护和补油作用。动臂滑阀与转斗滑阀的油路采用互锁连通油路，可以实现小流量得到较快的作业速度。当铲斗翻转时，举升油路被切断。只有翻转油路不工作时，举升动作才能实现。

（五）转向液压系统

转向液压系统主要由转向泵、全液压转向器、流量放大阀及转向油缸等组成。其工作原理是：方向盘不转动时，转向器两出口关闭，先导泵的油经过压力选择阀后作为先导油的动力源，流量放大阀主阀杆在复位弹簧作用下保持在中位，转向泵与转向油缸的油路被断开，主油路经过流量放大阀中的流量控制阀进入工作装置液压系统。转动方向盘时，转向器排出的油与方向盘的转角成正比，先导油进入流量放大阀后，控制主阀杆的位移，通过控制开口的大小，从而控制进入转向油缸的流量。由于流量放大阀采用了压力补偿，因而进入转向油缸的流量与负载基本无关，只与阀杆上开口大小有关。停止转向后，进入流量放大阀阀杆一端的先导压力油通过节流小孔与另一端接通回油箱，阀杆二端油压趋于平衡，在复位弹簧的作用下，阀杆回复到中位，从而切断主油路，装载机停止转向。通过方向盘的连续转动与反馈作用，可保证装载机的转向角度。系统的反馈作用是通过转向器和流量放大阀共同完成的。

三、装载机使用管理

(一) 装载机合理选择

对于装载机，必须根据搬运物料的种类、形状、数量，堆料场地的地形、地质、周围环境条件，作业方法及配合运输的车辆等多方面情况来进行正确、合理的仔细选择。

1. 斗容量的选择

（1）装载机的斗容量可根据装卸的数量及要求完成时间来确定。一般情况下，所搬运物料的数量较大时，应选择较大斗容量的装载机，以提高生产率；否则，可选择较小容量的装载机，以减少机械的使用费用。（2）如装载机与运输车辆配合施工，运输车辆的斗容量应该是装载机斗容量的2~3倍，不得超过4倍，过大或过小都会影响车辆的运输效率。

2. 行走机构及方式的选择

（1）当堆料现场地质松软、雨后泥泞或凹凸不平时，应当选择履带式装载机，以充分发挥履带式装载机防滑、动力性能好和作业效能高的作用；若现场地质条件好，天气又好，则宜选用轮胎式装载机。（2）对于零散物料的搬运，在气候、地质条件允许的情况下，优先选择轮胎式装载机，因为轮胎式装载机行走方便、速度快、转移迅速，而履带式装载机不但转移速度慢，而且不允许在公路或街道上行驶。（3）当装载的施工场地狭窄时，可选用能进行90°转弯铲装和卸载的履带式装载机，如回转式装载机。（4）当与运输车辆配合施工时，可根据施工组织的装车方法选用。如果场地较宽，采用 V 形装车方法，应选用轮胎式机械，因其操作灵活，装车效率较高；如果场地较小，可以选择能转90°弯的履带式装载机。

3. 现有机型的选用

优先选用现有装载机是选择机械的重要原则。如果现有机械的技术性能与工作环境不相适应，则应采取多种措施，创造良好的工作条件，充分发挥现有装载机的特性。如现有装载机机型容量较小，可以采用两台共装一辆。自卸卡车或改选载重量较小的自卸卡车，以提高联合施工作业效率。

4. 其他因素的考虑

正确、合理地选择装载机必须全面考虑机械的使用性能和技术经济指标，如装载机的最大卸载距离、最大卸载高度、卸料的方便性、工作装置的可换性、操作简便性、工作安全性等，特别应优先选择燃油消耗率低、工作性能优良的先进产品。

（二）装载机操作要点

第一，装载机工作距离不宜过大，超过合理运距时，应由自卸汽车配合装运作业。自卸汽车的车厢容积应与铲斗容量相匹配。

第二，装载机不得在倾斜度超过出厂规定的场地上作业。作业区内不得有障碍物及无关人员。

第三，装载机作业场地和行驶道路应平坦。在石方施工场地作业时，应在轮胎上加装保护链条或用钢质链板直边轮胎。

第四，作业前重点检查项目须符合下列要求：

（1）照明、音响装置齐全有效。（2）燃油、润滑油、液压油符合规定。（3）各连接件无松动。（4）液压及液力传动系统无泄漏现象。（5）转向、制动系统灵敏有效。（6）轮胎气压符合规定。

第五，启动内燃机后，应怠速空运转，各仪表指示值应正常，各部管路密封良好，待水温达到55℃、气压达到0.45 MPa后，可起步行驶。

第六，起步前，应先鸣声示意，宜将铲斗提升离地0.5 m。行驶过程中应测试制动器的可靠性，并避开路障或高压线等。除规定的操作人员外，不得搭乘其他人员，严禁铲斗载人。

第七，高速行驶时应采用前两轮驱动；低速铲装时，应采用四轮驱动。行驶中，应避免突然转向。铲斗装载后升起行驶时，不得急转弯或紧急制动。

第八，在公路上行驶时，必须由持有操作证的人员操作，并应遵守交通规则，下坡不得空挡滑行和超速行驶。

第九，装料时，应根据物料的密度确定装载量，铲斗应从正面铲料，不得使铲斗单边受力。卸料时，举臂应低速缓慢翻转铲斗。

第十，操作手柄换向时，不应过急、过猛。满载操作时，铲臂不得快速下降。

第十一，在松散不平的场地作业时，应把铲臂放在浮动位置，使铲斗平稳地推进；当推进过程中阻力过大时，可稍稍提升铲臂。

第十二，铲臂向上或向下动作到最大限度时，应迅速将操作杆拉回到空挡位置。

第十三，不得将铲斗提升到最高位置运输物料。运载物料时，宜保持铲臂下铰点离地面0.5 m，并保持平稳行驶。

第十四，铲装或挖掘应避免铲斗偏载，不得在收斗或半收斗而未举臂时前进。铲斗装满后，应举臂到距地面约0.5 m时，再后退、转向、卸料。

第十五，当铲装阻力较大，出现轮胎打滑时，应立即停止铲装，排除过载后再进行铲装。

第十六，在向自卸汽车装料时，铲斗不得在汽车驾驶室上方越过。装料时，若汽车驾驶室顶无防护板，驾驶室内不得有人。

第十七，在向自卸汽车装料时，宜降低铲斗及减小卸落高度，不得偏载、超载和砸坏车厢。

第十八，在边坡、壕沟、凹坑卸料时，轮胎离边缘距离应大于1.5m，铲斗不宜过于伸出。在大于3°的坡面上，不得前倾卸料。

第十九，作业时，内燃机水温不得超过90℃，变矩器油温不得超过110℃，当超过上述规定时，应停机降温。

第二十，作业后，装载机应停放在安全场地，铲斗平放在地面上，操作杆置于中位，并制动锁定。

第二十一，装载机转向架未锁闭时，严禁站在前后车架之间进行检修保养。

第二十二，装载机铲臂升起后，在进行润滑或调整等作业之前，应装好安全销，或采取其他措施支住铲臂。

第二十三，停车时，应使内燃机转速逐步降低，不得突然熄火；应防止液压油因惯性冲击而溢出油箱。

第三节　推土机

一、推土机分类及特点

推土机的分类及主要特点见表3-3。

表3-3　推土机的分类及主要特点

分类方法	形式	主要特点	应用范围
按行走装置分	履带式	附着牵引力大，接地比压低，爬坡能力强，但行驶速度低	适用于条件较差的地带作业
	轮胎式	行驶速度低，灵活性好，但牵引力小，通过性差	适用于经常变换土地和良好土壤作业

分类方法	形式	主要特点	应用范围
按传动方式分	机械传动	结构简单，维修方便.但牵引力不能适应外阻力变化，操作较难，作业效率低	—
	液力机械传动	车速和牵引力可随外阻力变化而自动变化，操作便利，作业效率高，但制造成本高，维修较难	适用于推运密实、坚硬的土
	全液压传动	作业效率高，操作灵活，机动性强，但制造成本高，工地维修困难	适用于大功率推土机对大型土方作业
按用途分	通用型	按标准进行生产的机型	一般土方工程使用
	专用型	有采用三角形宽履带板的湿地推土机和沼泽地推土机，以及水陆两用推土机等	适用于湿地或沼泽地作业
按工作装置形式分	直铲式	铲刀与底盘的纵向轴线构成直角，铲刀切削角可调	一般性推土作业
	角铲式	铲刀除能调节切削角度外，还可在水平方向上回转一定角度，可实现侧向卸土	适用于填筑半挖半填的傍山坡道作业
按功率等级分	超轻型	功率 30 kW，生产率低	极小的作业场地
	轻型	功率在 30~75 kW 之间	零星土方
	中型	功率在 75~225 kW 之间	一般土方工程
	大型	功率在 225 kW 以上，生产率高	坚硬土质或深度冻土的大型土方工程

二、推土机构造与工作原理

推土机主要由发动机、底盘、液压系统、电气系统、工作装置和辅助设备等组成，其总体构造如图 3-11 所示。

发动机是推土机的动力装置，大多采用柴油内燃机。发动机往往布置在推土机的前部，通过减振装置固定在机架上。电气系统包括发动机的电启动装置和全机照明装置。辅助设备主要由燃油箱、驾驶室等组成。

推土机的工作装置主要由推土刀和支持架两个部分组成。推土刀分固定式（直铲）和回转式（角铲）两种。前者的推土铲与主机纵轴经线固定为直角，如图 3-12 所示。后者如图 3-13 所示，推土铲可以水平面内左右回转约 25°角，在垂直面内可倾斜 8°~12°角，且能视不同的土质条件改变其切削角，故回转式因能适应较多的工况而获得广泛使用。

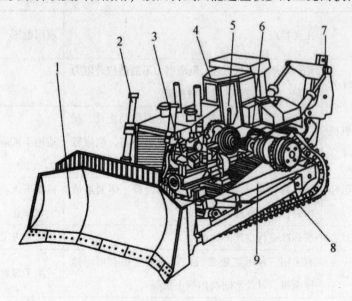

图 3-11 推土机总体构造示意图

1—铲刀；2—液压系统；3—发动机；4—驾驶室；5—操作机构；

6—传动系统；7—松土器；8—行走装置；9—机架

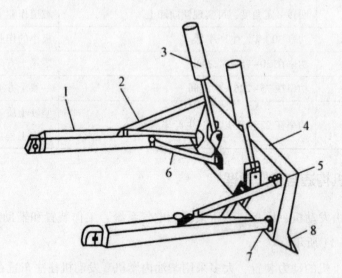

图 3-12 固定式推土机工作机构

1—顶推架；2—斜撑杆；3—铲刀升降油缸；4—推土板；

5—球形铰；6—水平撑杆；7—销接；8—刀片

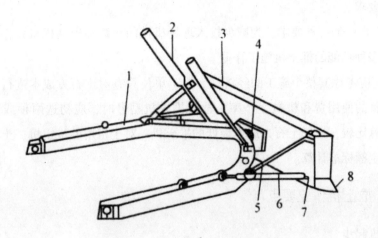

图 3-13 回转式推土机工作机构

1—顶推架；2—铲刀升降油缸；3—推土板；

4—中间球铰；5、6—上下撑杆；7—铰接；8—刀片

三、推土机使用管理

（一）推土机合理选择

土石方工程条件复杂，根据推土机的技术性能和土石方工程条件选择有效的施工措施和先进的施工方法和合理的推土机机型，充分发挥推土机的功能，以利于土石方工程的施工。推土机的类型选择，主要考虑以下几方面情况。

1. 土石方量大小

土石方量大而且集中时，应选用大型推土机；土石方量小而且分散时，应选用中、小型推土机，土质条件允许的可选用轮胎式推土机。

2. 土壤性质

一般推土机均适合Ⅰ、Ⅱ级土壤施工或Ⅲ、Ⅳ级土壤预松后施工。如土壤比较密实、坚硬，或冬季冻土，应选用液压式重型推土机或带松土齿推土机；如果土壤属潮湿软泥，最好选用宽履带式推土机。

3. 施工现场

在危险地带作业，如有条件可采用自动化推土机。在修筑半挖半填的傍山坡道时，最好选用回转式推土机；在严禁有噪声的地方施工时，应选用低噪声推土机；在水下作业时，可选用水下推土机；高原地区则应选择高原型推土机等。

4. 作业要求

根据施工作业的各种要求，为减少投入现场机械的台数和提高机械化作业的范围，最好选用具有多种功能的推土机施工作业。

此外，还应考虑其整个施工的经济性。施工单位只有对土石方成本进行计算，才能决定出施工机械的使用费和机械生产率，选择推土机型号时，应初选两种或两种以上的机械，经过计算比较，选择土石方成本最低的推土机。对于租用的推土机，土石方成本可按合同规定的定额标准计算。

（二）推土机作业要点

1. 推土机起步

柴油内燃机启动后必须等水温达到55℃以上、油温达到45℃以上方可起步。起步时先接合离合器，提升推土机板，然后再分开离合器、换挡、接合离合器起步，以免推土板铲入土中太深，导致发动机熄火。

2. 推土板操作

提升推土板到所需高度后，应立即将操作杆放回原位。当推土板降落至地面后，注意将操作杆及时回位，不能猛放推土板。

3. 铲土和推土

推土机在铲土和推土时，推土板起落要平稳，不可过猛，铲土不可太深，以免负荷过重，导致履带或轮胎完全滑转无法前进，甚至迫使推土机熄火。推土时，如遇松软土壤，应根据推土路面情况，将推土板固定在一定位置；如遇坚实土壤，液压式推土机的推土板可呈"悬浮"状态。

4. 卸土

将土壤推下陡壁时，推土板在陡壁前1~2 m处即应停止推土机前进，要始终保持陡壁前有一大片土壤，待下次卸土时把前次留下的土壤推下陡壁。如遇卸土填方，则不必停车，应使推土机边前进边提升推土板，卸土完毕推土板停止升起，推土机即可后退返回。

5. 停机

推土机应停放于平整的地面，停机熄火前，应将推土板放置于地面，并清除铲刀面的泥土。

（三）推土机安全操作

推土机安全操作具体要求如下：

第一，推土机在坚硬土壤或多石土壤地带作业时，应先进行爆破或用松土器翻松。在沼泽地带作业时，应更换湿地专用履带板。

第二，推土机行驶通过或在其上作业的桥、涵、堤、坝等，应具备相应的承载能力。

第三，不得用推土机推石灰、烟灰等粉尘物料和用于碾碎石块。

第四，牵引其他机械与设备时，应有专人负责指挥。钢丝绳的连接应牢固可靠。在坡道或长距离牵引时，应采用牵引杆连接。

第五，作业前重点检查项目应符合下列要求：

（1）各部件无松动，连接良好。（2）燃油、润滑油、液压油等符合规定。（3）各系统管路无裂纹或泄漏。（4）各操作杆和制动踏板的行程、履带的松紧度或轮胎气压均符合要求。

第六，启动前，应将主离合器分离，各操作杆放在空挡位置，并应按照规定启动内燃机，严禁拖、顶启动。

第七，启动后应检查各仪表指示值，液压系统应工作有效；当运转正常、水温达到55℃、机油温度达到45℃时，方可全荷载作业。

第八，推土机行驶前，严禁有人站在履带或刀片的支架上，机械四周应无障碍物，确认安全后，方可开动。

第九，采用主离合器传动的推土机接合应平稳，起步不得过猛，不得使离合器处于半接合状态下运转；液力传动的推土机，应先解除变速杆的锁紧状态，踏下减速器踏板，变速杆应在一定挡位，然后缓慢释放减速踏板。

第十，在块石路面行驶时，应将履带张紧。当需要原地旋转或急转弯时，应采用低速挡进行。当行走机构夹入块石时，应采用正、反向往复行驶使块石排除。

第十一，在浅水地带行驶或作业时，应查明水深，冷却风扇叶不得接触水面。下水前和出水后，均应对行走装置加注润滑脂。

第十二，推土机上、下坡或超过障碍物时应采用低速挡。上坡不得换挡，下坡不得空挡滑行。横向行驶的坡度不得超过10°。当需要在陡坡上推土时，应先进行填挖，使机身保持平衡，方可作业。

第十三，在上坡途中，当内燃机突然熄灭时，应立即放下铲刀，并锁住制动踏板。在分离主离合器后，方可重新启动内燃机。

第十四，下坡时，当推土机下行速度大于内燃机传动速度时，转向动作的操作应与平地行走时操作的方向相反，此时不得使用制动器。

第十五，填沟作业驶近边坡时，铲刀不得越出边缘。后退时，应先换挡，方可提升铲刀进行倒车。

第十六，在深沟、基坑或陡坡地区作业时，应有专人指挥，其垂直边坡高度不应大于2 m。

第十七，在推土或松土作业中不得超载，不得做有损于铲刀、推土架、松土器等装置的动作，各项操作应缓慢平稳。无液力变矩器装置的推土机，在作业中有超载趋势时，应稍微提升刀片或变换低速挡。

第十八，推树时，树干不得倒向推土机及高空架设物。推屋墙或围墙时，其高度不宜超过 2.5 m。严禁推带有钢筋或与地基基础连接的混凝土桩等建筑物。

第十九，两台以上推土机同一地区作业时，前后距离应大于 8.0 m；左右距离应大于 1.5 m。在狭窄道路上行驶时，未经前机同意，后机不得超越。

第二十，推土机顶推铲运机作助铲时，应符合下列要求：

(1) 进入助铲位置进行顶推中，应与铲运机保持同一直线行驶。(2) 铲刀的提升高度应适当；不得触及铲斗的轮胎。(3) 助铲时应均匀用力，不得猛推猛撞，应防止将铲斗后轮胎顶离地面或使铲斗吃土过深。(4) 铲斗满载提升时，应减小推力，待铲斗提离地面后即减速脱离接触。(5) 后退时，应先看清后方情况，当需绕过正后方驶来的铲运机倒向助铲位置时，宜从来车的左侧绕行。

第二十一，推土机转移行驶时，铲刀距地面宜为 400 mm，不得用高速挡行驶和进行急转弯。不得长距离倒退行驶。

第二十二，作业完毕后，应将推土机开到平坦安全的地方再落下铲刀；有松土器的，应将松土器爪落下。

第二十三，停机时，应先降低内燃机转速，变速杆放在空挡，锁紧液力传动的变速杆，分开主离合器，踏下制动踏板并锁紧，待水温降到 75℃ 以下、油温降到 90℃ 以下时，方可熄火。

第二十四，推土机长途转移时，应采用平板拖车装运。短途行走转移时，距离不宜超过 10 km，并应在行走过程中经常检查和润滑行走装置。

第二十五，在推土机下面检修时，内燃机必须熄火，铲刀应放下或垫稳。

第四节　铲运机

一、铲运机分类及特点

(一) 铲运机分类

铲运机主要根据斗容量大小、卸载方式、装载方式、行走机构、动力传递及操作方式的不同进行分类。

1. 按斗容量大小分

小型为 <5m³，中型为 5~15 m³，大型为 15~30 m³，特大型为 >30 m³。

2. 按卸载方式分

自由式、半强制式和强制式等三种。

3. 按装载方式分

普通式、升运式等。

4. 按行走机构分

轮胎式、履带式等。

5. 按动力传递分

机械、电力、液压等。

6. 按操作方式分

机械、液压两种。

（二）铲运机特点

由于铲运机集铲、运、卸、铺、平整于一体，因而在土方工程的施工中比推土机、装载机、挖掘机、自卸汽车联合作业具有更高的效率与经济性。在合理的运距内一个台班完成的土方量，相当于一台斗容量为 1 m³ 的挖掘机配以四辆载重 10 t 的自卸车共完成 5 名司机完成的土方量。

（三）铲运机适用范围

铲运机主要取决于运距、物料特性、道路状况，其中经济适用运距及作业的阻力是选用铲运机的主要依据。

二、铲运机构造与工作原理

建筑工程中常用的铲运机为拖式铲运机和自行式铲运机，其构造如图 3-14 和图 3-15 所示。

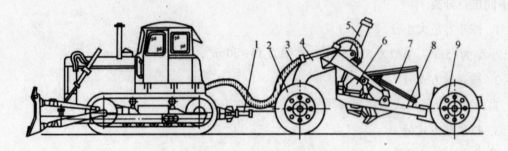

图 3-14　CTY2.5 型拖式铲运机构造示意图

1—拖杆；2—前轮；3—油管；4—辕架；5—工作油缸；

6—斗门；7—铲斗；8—机架；9—后轮

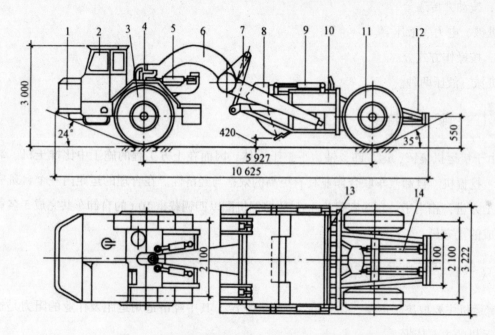

图 3-15　CL7 型自行式铲运机外形尺寸与构造示意图

1—发动机；2—单轴牵引车；3—前轮；4—转向支架；5—转向液压缸；

6—辕架；7—提升油缸；8—斗门；9—斗门油缸；10—铲斗；

11—后轮；12—尾架；13—卸土板；14—卸土油缸

　　拖式铲运机一般都是用履带式拖拉机作为牵引装置，它主要由铲斗、拖杆、辕架、尾架、钢丝绳操作机构和行走机构等组成：铲斗是铲运机的主体结构，铲斗的前下缘还安装有 4 片切土的刀片，中间两片稍突出些，以减小铲土作业中的阻力。斗体后部为横梁，前部是一根"象鼻"形的曲梁，梁端与辕架横梁借助万向联轴节连接。这种结构形式的主要优点是不必另外再安装机架，所以这种铲运机的工作装置中是没有机架的。拖杆是一根"T"形组合体，一端连接铲土斗，另一端则与拖拉机相连接。组合体包括拖杆、拖杆横梁和牵挂装置等。行走机构由带有两根半轴的两个后轮和带有一根前轴的两个前轮组成，车轮都是充气的橡胶轮胎，它们各借助于滚动轴承安装在轴颈上。钢丝绳操作机构由提斗钢丝绳、卸土钢丝绳、拖拉机后部的铰盘、斗门钢丝绳和蜗形器等组成。操作系统在作业中可分别控制铲斗的升降，斗门的开启和关闭以及强制卸土板的前移。卸土板的复位靠蜗形器操作；卸土绳、轮系统安装在尾架上。在尾架的尾部设有垂直的销孔，用来连挂另一个铲土斗或拖动其他机械进行联合作业。

自行式铲运机由专用基础车和铲斗两大部分组成。基础车为铲运机的动力牵引装置，由柴油发动机、传动系统、转向系统和车架等组成，这些装置都安装在中央框架上。铲斗是铲运机的主要构造部分，其形式与拖式铲运机的铲斗基本相同。自行式铲运机的机型和铲斗的容量都较大，作业中不易自由卸土，所以，多为强制式卸土形式。液压操作的自行式铲运机，其铲斗的升降，斗门的启、闭和卸土板的移动，都是由各自的双作用油缸进行操作，这些油缸分别安装在铲斗的前端、后部和两侧。为保证铲运机作业中的有效制动，还安装了4个车轮的液压或气压制动系统。自行式铲运机整机驱动和液压系统的动力都由安装在基础车前端的大型柴油内燃机提供，大铲斗容量的铲运机，考虑到自身作业的需要而又不借助其他机械实行助铲时，还在铲运机的前后各安装一台可分别操作的柴油内燃机，形成前后驱动的自行式铲运机。

三、铲运机使用管理

（一）合理选择铲运机

根据使用经验，影响铲运机生产效能的工程因素主要有土壤性质、运距长短、施工期限、现场情况、当地条件、土方量大小及气候等，因此可按这些因素合理选择机型。

1. 按土壤性质选择

（1）当土方工程为Ⅰ、Ⅱ类土壤时

选择各类铲运机均可；如果是Ⅲ类土壤，则可选择重型的履带式铲运机；若为Ⅳ类土壤，则首先进行翻松，然后选择一般的铲运机。

（2）当土壤的含水量在25%以下时

采用一般的铲运机即可；如施工现场多软泥或沙地，则必须选择履带式铲运机；如土壤湿度较大或在雨期施工，应选择强制式或半强制式的履带式铲运机。由于土壤的性质和状况可因气候等自然条件而变化，也可因人为的措施而改变，因此，选择铲运机时应综合考虑其施工条件及施工方法。

2. 按运土距离选择

（1）当运距小于 70 m 时

铲运机的性能不能充分发挥，可选择推土机运土。

（2）当运距为 70~300 m 时

可选择小型（斗容量在 6 m³ 以下）铲运机，其经济运距为 100 m 左右。

（3）当运距为 300~800 m 时

可选择中型（斗容量为 6~10 m³）铲运机，其经济运距为 500 m 左右。

（4）当运距为 800~3 000 m 时

可选择轮胎式的大型（斗容量为 10~25 m³）自行式铲运机，其经济运距为 1 500~2 500 m。

（5）当运距为 3 000~5 000 m 时

可选择特大型（斗容量为 25 m³ 以上）自行轮胎式铲运机，其经济运距为 3 500~4 000 m。同时，也可以选择挖装机械和自卸汽车运输配合施工，但是均应进行比较和经济分析，最后选择机械施工成本最低的施工设备。

3. 按土方数量选择

在正常情况下，土方量较大的工程，选择大、中型铲运机，因为大、中型铲运机的生产能力大，施工速度较快，能充分发挥机械化施工的特长，缩短工期，降低工程成本，保质保量地完成施工。对小量或零散的土方工程，可选择小型的铲运机施工。

4. 按施工地形选择

利用下坡铲装和运输可提高铲运机的生产率，适合铲运机作业的最佳坡度为 7°~8°，坡度过大不利于装斗。因此，铲运机适用于从路旁两侧取土坑的土来填筑路堤（高 3~8 m）或两侧弃土挖深 3~8 m 路堑的作业。纵向运土路面应平整，纵坡度不应小于 5°。铲运机适用于大面积场地平整作业，铲平大土堆，以及填挖大型管道沟槽和装运河道土方等工程。

5. 按铲运机种类选择

双发动机铲运机可提高功率近一倍，并具有加速性能好、牵引力大、运输速度快、爬坡能力强、可在较恶劣地面条件下施工等优点，但其投资大，铲运机的质量要增加 10%~43%，折旧和运转费用增加 27%~33%。所以，只有在单发动机铲运机难以胜任的工程条件下，双发动机铲运机才具有较好的经济效果。

（二）铲运施工操作要点

1. 铲土过程

铲土时卸土板在铲斗体的最后位置，牵引车挂一挡，全开斗门，随着装土阻力的增加逐渐加大油门。铲土时，铲运机应保持直线行驶，并应始终保持助铲机的推力与铲运机行驶的方向一致。应尽量避免转弯铲土或在大坡度上横向铲土。

2. 运土过程

铲斗装满后运往卸土地点，此时应尽量降低车辆重心，增加行驶的平稳性和安全性，一般不宜把铲斗提得过高。运输时应根据道路情况尽可能选择适当的车速。

3. 卸土过程

铲运机运到卸载地点后，应将斗门打开，卸土板前移将铲斗内土壤卸出。如果需要分层铺筑路基，应先将铲斗下降到所需铺填高度，选择适当车速（一挡或二挡），打开斗门，通过卸土板将土推出。此时，卸土板前移速度应与车辆前进速度相配合，从而使土壤连续卸出。

4. 返回过程

卸土完毕后，提升铲斗，卸土板复位，并根据路面情况尽量选择高速挡返回到铲土作业区段。为了减少辅助时间，铲运斗各机构的操作可在回程中进行。

为提高其工作效率，目前也有新的施工方法，铲运机运土时所需牵引力较小，当下坡铲土时，可将两个铲斗前后串在一起，一起一落依次铲土、装土（称为双联单铲）（图 3-16），可提高工效 20%～30%。当地面较平坦时，两个铲斗同时起落，同时进行铲土，又同时起斗开行（称为双联双铲），可提高工效约 60%。

图 3-16　双联单铲法

（三）铲运机安全操作

1. 拖式铲运机

（1）铲运机作业时，应先采用松土器翻松。铲运机作业区内应无树根、树桩、大的石块和过多的杂草等。（2）铲运机行驶道路应平整结实，路面比机身应宽出 2 m。（3）作业前，应检查钢丝绳、轮胎气压、铲土斗及卸土板回缩弹簧、拖把万向接头、撑架以及各部滑轮等；液压式铲运机铲斗与拖拉机连接的叉座与牵引连接块应锁定，各液压管路连接应可靠，确认正常后方可启动。（4）开动前，应使铲斗离开地面，机械周围应无障碍物，确认安全后方可开动。（5）作业中，严禁任何人上下机械，传递物件，以及在铲斗内、拖把或机架上坐或立。（6）多台铲运机联合作业时，各机之间前后距离不得小于 10 m（铲土时不得小于 5 m），左右距离不得小于 2 m。行驶中，应遵守下坡让上坡、空载让重载、支线让干线的原则。（7）在狭窄地段运行时，未经前机同意，后机不得超越。两机交会或超越平行时应减速，两机间距不得小于 0.5 m。（8）铲运机上、下坡道时，应低速行驶，不得中途换挡，下坡时不得空挡滑行，行驶的横向坡度不得超过 6°，坡宽应大于机身 2 m 以上。（9）在新填筑的土堤上作业时，离堤坡边缘不得小于 1m。需要在斜坡横向作业时，应先将斜坡挖填，使机身保持平衡。（10）在坡道上不得进行检修作业。在陡坡上严禁转弯、倒车或停车。在坡上熄火时，应将铲斗落地，制动牢固后再行启动。下陡坡时，应将铲斗触地行驶，帮助制动。（11）铲土时，铲土与机身应保持直线行驶。助铲时应有助铲装置，应正确掌握斗门开启的大小，不得切土过深。两机动作应协调配合，做到平稳接触，等速助铲。（12）在下陡坡铲土时，铲斗装满后，在铲斗后轮未到达缓坡地段前，不得将铲斗提离地面，应防铲斗快速下滑冲击主机。（13）在凹凸不平地段行驶转弯时，应放低铲斗，不得将铲斗提升到最高位置。（14）拖拉陷车时，应有专人指挥，前后操作人员应协调，确认安全后方可起步。（15）作业后，应将铲运机停放在平坦地面，并应将铲斗落在地面上。液压操作的铲运机应将液压缸缩回，将操作杆放在中间位置，进行清洁、润滑后，锁好门窗。（16）非作业行驶时，铲斗必须用锁紧链条挂牢在运输行驶位置上，机上任何部位均不得载人或装载易燃、易爆物品。（17）修理斗门或在铲斗下检修作业时，必须将铲斗提起后用销子或锁紧链条固定，再用垫木将斗身顶住，并用木揳摸住轮胎。

2. 自行式铲运机

（1）自行式铲运机的行驶道路应平整坚实，单行道宽度不应小于 5.5 m。（2）多台铲运机联合作业时，前后距离不得小于 20 m（铲土时不得小于 10 m），左右距离不得小于 2 m。（3）作业前，应检查铲运机的转向和制动系统，并确认其灵敏可靠。（4）铲土或在利用推土机助铲时，应随时微调转向盘，铲运机应始终保持直线前进。不得在转弯情况下铲土。（5）下坡时不得空挡滑行，应踩下制动踏板辅以内燃机制动，必要时可放下铲斗，以降低下滑速度。（6）转弯时应采用较大回转半径低速转向，不得过猛操作转向盘；当重载行驶或在弯道上、下坡时，应缓慢转向。（7）不得在大于 15° 的横坡上行驶，也不得在横坡上铲土。（8）沿沟边或填方边坡作业时，轮胎离路肩不得小于 0.7 m，并应放低铲斗，降速缓行。（9）在坡道上不得进行检修作业。在坡道上熄火时，应立即制动，下降铲斗，把变速杆放在空挡位置，然后方可启动内燃机。（10）穿越泥泞或软地面时，铲运机应直线行驶，当一侧轮胎打滑时，可踏下差速器锁止踏板。当离开不良地面时，应停止使用差速器锁止踏板。不得在差速器锁止时转弯。（11）夜间作业时，前后照明应齐全完好，前大灯应能照至 30 m；当对方来车时，应在 100 m 以外将大灯光改为小灯光，并低速靠边行驶。

第四章 建筑起重吊装与运输机械

第一节 履带式起重机

一、履带式起重机构造

履带式起重机是在行走的履带底盘上装有起重装置的起重机械，是自行式、全回转的一种起重机，由起重臂、回转机构、行走机构等组成。起重臂常采用多节桁架结构，下端铰接在转台前，顶部有变幅钢丝绳悬挂支持，有的还铰装有副臂。其起重量和起升高度较大。

履带式起重机具有操作灵活、使用方便，在一般平整坚实的场地上可以荷载行驶和作业的特点。履带式起重机是结构吊装工程中常用的起重机械。

履带式起重机按传动方式不同可分为机械式（QU）、液压式（QUR）和电动式（QUD）三种。目前常用的是液压式履带起重机。电动式不适用于需要经常转移作业场地的建筑施工。

二、履带式起重机技术性能参数

常用履带式起重机型号及技术性能参数见表4-1。

表 4-1　常用履带式起重机型号及技术性能参数

项目		起重机型号								
		W-501			W-1001			W-2001（W-2002）		
操作形式		液压			液压			气压		
行走速度/（km·h⁻¹）		1.5~3			1.5			1.43		
最大爬坡能力/（°）		25			20			20		
回转角度/（°）		360			360			360		
起重机总质量/t		21.32			39.4			79.14		
吊杆长度/m		10	18	18+2	13	23	30	15	30	40
回转半径	最大/m	10	17	10	12.5	17	14	15.5	22.5	30
	最小/m	3.7	4.3	6	4.5	6.5	8.5	4.5	8	10
起重量	最大回转半径时/t	2.6	1	1	3.5	1.7	1.5	8.2	4.3	1.5
	最小回转半径时/t	10	7.5	2	15	8	4	50	20	8
起重高度	最大回转半径时/m	3.7	7.6	14	5.8	16	24	3	19	25
	最小回转半径时/m	9.2	17	17.2	11	19	26	12	26.5	36

注：18+2 表示在 18 m 吊杆上加 2 m 鸟嘴；相应的回转半径、起重量、起重高度各数值均为副吊钩的性能。

三、履带式起重机转移

履带式起重机可根据运距、运输条件和设备的情况，采用自行转移、拖车运输和铁路运输等方法。一般情况下，起重机的短途运输可自行转移，中、长途运输可采用分件拆除、拖车运输或者火车运输的方法。

（一）自行转移

一般在山区、工地现场、非高等级道路时，运距不超过 5 km，履带起重机可以采用自行转移。起重机自行转移时，操作要点如下：

（1）在行驶前必须对起重机行走机构进行检查，搞好润滑、紧固、调整等保养工作，吊杆拆至最短。（2）行走时，驱动轮应在后面，刹住回转台，吊杆和履带平行并放低，吊钩要升起。（3）履带起重机的自行转移应按照事先确定好的行车路线行驶，在地面承载力达不到要求时采用铺设"路基箱"或者提前处理地面的方式提高承载力。在途中注意上空电线，机体和吊杆与电线的安全距离必须符合要求。在上下坡中，禁止中途变速或空挡滑行，上陡坡必须倒行。上下坡要有专人监护，准备好垫木支护，防止起重机快速下滑引起事故。

（二）拖车运输

1. 准备工作

（1）了解所运输的起重机的总自重、各部分自重、外形尺寸、运输路线、公路桥梁的承载力和所要经过桥洞的高度等问题。（2）根据所运输的起重机部件的外型尺寸和自重选择相应的平板拖车，根据现在高速公路的各项规定，一般不允许超载，但也不宜以大带小，避免载重过轻，在运输中颤动太大而损坏起重机零部件。（3）准备好一定数量的道木、三角垫木、道链、紧线器、跳板、钢丝和钢丝绳等材料。（4）根据起重机的说明书拆除吊杆、配重、吊钩、钢丝绳等需拆除运输的部件，有时只将吊杆首节拆去，留下根部一节不拆，另用一根钢丝绳将其拉住。这节吊杆虽然不重，但因钢丝绳和吊杆的夹角较小，钢丝绳受力往往很大，必须按照受力选择钢丝绳的直径。

2. 上车和固定

起重机可以从固定或活动的登车台开上拖车，也可以采用拖车的两个钢制的上车板上车，如果没有可选择的场地，用跳板或者适当规格的方木搭成 10°~15° 的坡道，从坡道上拖车。起重机上坡道前应认真检查行走机构的工作状况和制动器的作用是否良好，上坡道时将履带对正，尾部对着拖车向上倒行。如果驾驶室对着拖车向上开行，在起重机重心即将离开坡道时，起重机会发生"点头"现象，吊杆可能会砸到驾驶室，此时必须适当关小油门，以保证安全。另外，在坡道上严禁打方向和回转，如果发生危险，可将起重机慢慢退下来。

起重机上拖车必须由经验丰富的人指挥，并由熟悉该机车的驾驶员操作。上拖车时，拖车驾驶员必须离开驾驶室，拖车制动牢固，前后车轮用三角垫木垫实。遇雨雪天气时，还要做好防滑措施。

起重机在拖车上的停放位置应是起重机的重心大致在拖车载重面的中心上，起重机停好后应将起重机的所有制动器制动牢固。履带前后用三角垫木垫实并固定，履带左右两面用钢丝绳和道链或紧线器紧固。如运距远、路面差，必须将尾部用高凳或者道木垛垫实，吊杆中部两侧用绳索固定。在运距短、路面平坦但转弯困难的情况下，吊杆不必固定，以便必要时发动起重机配合转弯。

另外，在吊杆头部用红布做出明显标记，在通过有较低电线地区时，起重机最高处需捆绑竹竿，以便顺利通过。

3. 运输

装有起重机的拖车在行走时要保持平稳，避免紧急刹车，途中保持中速行驶，转弯、下坡减速，遇有涵洞通过困难时，可先将起重机开下拖车，待通过后再运上拖车。

4. 下拖车

起重机下拖车应按规定将坡道搭设牢固，由熟练的驾驶员和经验丰富的人员操作。下拖车操作与上拖车相比，更要注意安全操作，应注意以下两点：

（1）用慢速挡向下开行，不能放空挡。否则，下行速度过快，会因猛烈地冲击地面而使起重机受损。（2）在下行途中不可刹车，否则起重机会因刹车自动拐弯滑出坡道，造成危险。

（三）铁路运输

铁路运输手续烦琐、周期相对较长，适用于起重机的长途转运。选择铁路运输时，铁路平板有顶头上车和侧向上车两种。其规格可根据起重机部件外形尺寸和质量来确定。

起重机上车前必须刹住铁路平板制动器并用道木将平板垫实，以免在上车中平板翘头或倾覆。垫实处应留有一定空隙，以利于上车后拆除垫木。

起重机上平板后停车位置与固定方法与拖车运输相同，但必须注意将支垫吊杆的高凳或道木垛搭设在起重机停放的同一个平板上，固定吊杆的绳索也绑在这个平板上。如吊杆长度超出一个铁路的平板，则必须另挂一个辅助平板，但吊杆在此平板上不设支垫，也不用绳索固定，应抽掉吊钩钢丝绳。

铁路运输车身较高、质量较重的起重机时，常用凹形平板装载，以便顺利通过隧道。起重机必须从侧向上凹形平板，又因为凹形平板的载重面都比货场平台低，所以必须侧向搭设一个 10°～15° 的坡道。在凹形平板上，为防止起重机滑动，需在履带的前后左右电焊角钢代替三角木和绳索捆绑。

四、履带式起重机组装

（一）基本臂的组装方法

（1）将基础臂节吊到与本体相连接的水平位置上，慢慢地移动本体，使基础臂根部销孔与之相吻合，插入销子，再用锁紧销固定。（2）将拉紧器安装在基础臂节上面的托架上。（3）将起重臂的变幅钢绳挂在吊挂装置与拉紧器之间，然后将变幅钢绳慢慢拉紧，使基础臂节稍稍抬起，移动本体，使它处于顶部臂节连接状态。（4）把基础臂节轻轻放下，使其上侧的连接销孔与相应的顶部臂节连接销孔相吻合，然后插入销子，再用锁紧销固定好，之后轻轻地抬起基础臂节。（5）在起重臂的下面垫上枕木，将拉紧器与顶部臂节用吊挂钢绳连接起来，将拉紧器与托架相连接的连接销卸下，慢慢地卷起变幅钢绳，升高 A 形架，使钢绳拉紧。把防倾杆安装到 A 形架前支架的耳板上。（6）检查起重钩防过卷装置是否与使用臂长的倍率一致，起重臂防过卷装置的线路是否接好，各种自动停止装置的动作是否正常。（7）启动柴油内燃机，低速运转，慢慢地抬起起重臂，使起重臂与水平成30°角。（8）将配重按顺序安装好。（9）将履带伸展成工作状态后方能作业。

（二）基本臂上增加中间节的组装方法

在基本臂上增加中间节时，按下面步骤进行：

（1）使基本臂和用枕木垫起来的中间臂节成一条直线。若要安装副臂，要预先安装好副臂以及拔杆，然后用枕木将它垫起来，像组装基本臂一样，使副臂与起重臂连接。（2）先将基础臂分解开（仅与顶部臂节分解），并将分解下来的顶部臂节与组装好的中间节连接在一起。（3）使基础臂节接近中间臂节，并与上侧的连接销孔相吻合，然后插入连接销，再用固定销固定。（4）使下侧连接销孔相吻合，并慢慢地拉紧起重臂变幅钢绳，一定不要抬起起重臂，因为将起重臂抬起离开枕木，易损坏起重臂。最后在吻合的连接孔处插入连接销，用固定销固定。（5）下放变幅钢绳，使其放松拉紧器与基础臂节托架的连接后，取下拉紧器和基础臂节托架上的连接销，使基础臂节与拉紧器分离。（6）钢绳连接完毕，卷起变幅钢绳使起重臂抬起。在起重臂与地面夹角小于30°时，起重钩始终落在地上，主卷扬钢绳始终处于放松状态。

（三）副臂的组装方法

副臂是由副臂顶部、副臂基础和副臂中间节组成。组装副臂时按下列顺序进行：

（1）事先将副臂和桅杆装好放在枕木上，装垫起的高度与起重臂连接处成水平状态。

（2）将装有主臂的本体移近副臂，用安装副臂的销子将顶部臂节与副臂连接起来，然后把起重臂用枕木垫起来。（3）将副臂的吊挂钢绳通过副臂桅杆连接在主臂上侧的托架上。（4）与基本臂的情况一样，安装好副臂的提升钢绳。

上述各项工作完成以后，提升起重臂，在主臂与地面夹角小于30°时，主副钩必须始终放在地面上。主副卷扬钢绳始终处于放松状态，使副臂离开地面，确定副臂的安装角度是否在10°~30°，如果超过规定值，应将起重臂落下，重新确定拉紧绳的长度，以保证安装角度。

五、履带式起重机安全使用技术

（一）一般规定

第一，建筑起重机械进入施工现场应具备特种设备制造许可证、产品合格证、特种设备制造监督检验证明、备案证明、安装使用说明书和自检合格证明。

第二，建筑起重机械有下列情形之一时，不得出租和使用：

①属国家明令淘汰或禁止使用的品种、型号；②超过安全技术标准或制造厂规定的使用年限；③经检验达不到安全技术标准规定；④没有完整的安全技术档案；⑤没有齐全有效的安全保护装置。

第三，建筑起重机械的安全技术档案应包括下列内容：

①购销合同、特种设备制造许可证、产品合格证、特种设备制造监督检验证明、安装使用说明书、备案证明等原始材料；②定期检验报告、定期自行检查记录、定期维护保养记录、维修和技术改造记录、运行故障和生产安全事故记录、累积运转记录等运行资料；③历次安装验收资料。

第四，建筑起重机械装拆方案的编制、审批和建筑起重机械首次使用、升节、附墙等验收应按现行有关规定执行。

第五，建筑起重机械的装拆应由具有起重设备安装工程承包资质的单位施工，操作和维修人员应持证上岗。

第六，建筑起重机械的内燃机，电动机和电气、液压装置部分，应按本书"第二章"有关规定执行。

第七，选用建筑起重机械时，其主要性能参数、利用等级、载荷状态、工作级别等应与建筑工程相匹配。

第八，施工现场应提供符合起重机械作业要求的通道和电源等工作场地和作业环境。基础与地基承载能力应满足起重机械的安全使用要求。

第九，操作人员在作业前应对行驶道路、架空电线、建（构）筑物等现场环境以及起吊重物进行全面了解。

第十，建筑起重机械应装有音响清晰的信号装置。在起重臂、吊钩、平衡重等转动物体上应有鲜明的色彩标志。

第十一，建筑起重机械的变幅限位器、力矩限制器、起重量限制器、防坠安全器、钢丝绳防脱装置、防脱钩装置以及各种行程限位开关等安全保护装置，必须齐全有效，严禁随意调整或拆除。严禁利用限制器和限位装置代替操纵机构。

第十二，建筑起重机械安装工、司机、信号司索工作业时应密切配合，按规定的指挥信号执行。当信号不清或错误时，操作人员应拒绝执行。

第十三，施工现场应采用旗语、口哨、对讲机等有效的联络措施确保通信畅通。

第十四，在风速达到9.0 m/s及以上或大雨、大雪、大雾等恶劣天气时，严禁进行建筑起重机械的安装拆卸作业。

第十五，在风速达到12.0 m/s及以上或大雨、大雪、大雾等恶劣天气时，应停止露天的起重吊装作业。重新作业前，应先试吊，并应确认各种安全装置灵敏可靠后进行作业。

第十六，操作人员进行起重机械回转、变幅、行走和吊钩升降等动作前，应发出音响信号示意。

第十七，建筑起重机械作业时，应在臂长的水平投影覆盖范围外设置警戒区域，并应有监护措施；起重臂和重物下方不得有人停留、工作或通过。不得用吊车、物料提升机载运人员。

第十八，不得使用建筑起重机械进行斜拉、斜吊和起吊埋设在地下或凝固在地面上的重物以及其他不明重量的物体。

第十九，起吊重物应绑扎平稳、牢固，不得在重物上再堆放或悬挂零星物件。易散落物件应使用吊笼调运。标有绑扎位置的物件，应按标记绑扎后吊运。吊索的水平夹角宜为45°~60°，不得小于30°，吊索与物件棱角之间应加保护垫料。

第二十，起吊载荷达到起重机械额定起重量的90%及以上时，应先将重物吊离地面不大于200 mm，检查起重机械的稳定性和制动可靠性，并应在确认重物绑扎牢固平稳后再继续起吊。对大体积或易晃动的重物应拴拉绳。

第二十一，重物的吊运速度应平稳、均匀，不得突然制动。回转未停稳前，不得反向操作。

第二十二，建筑起重机械作业时，在遇突发故障或突然停电时，应立即把所有控制器拨到零位，并及时关闭发动机或断开电源总开关，然后进行检修。起吊物不得长时间悬挂在空中，应采取措施将重物降落到安全位置。

第二十三，起重机械的任何部位与架空输电导线的安全距离应符合现行行业标准的规定。

第二十四，建筑起重机械使用的钢丝绳，应有钢丝绳制造厂提供的质量合格证明文件。

第二十五，建筑起重机械使用的钢丝绳，其结构形式、强度、规格等应符合起重机使用说明书的要求。钢丝绳与卷筒应连接牢固，放出钢丝绳时，卷筒上应至少保留三圈，收放钢丝绳时，应防止钢丝绳损坏、扭结、弯折和乱绳。

第二十六，钢丝绳采用编结固接时，编结部分的长度不得小于钢丝绳直径的 20 倍，并不应小于 300 mm，其编结部分应用细钢丝捆扎。当采用绳卡固接时，与钢丝绳直径匹配的绳卡数量应符合表 4-2 的规定，绳卡间距应是 6~7 倍的钢丝绳直径，最后一个绳卡距绳头的长度不得小于 140 mm。绳卡滑鞍（夹板）应在钢丝绳承载时受力的一侧，U 形螺栓应在钢丝绳的尾端，不得正反交错。绳卡初次固定后，应待钢丝绳受力后再次紧固，并宜拧紧到使尾端钢丝绳受压处直径高度压扁 1/3。作业中应经常检查紧固情况。

表 4-2　与绳径匹配的绳卡数

钢丝绳公称直径/mm	≤18	18~26	26~36	36~44	44~60
最少绳卡数/个	3	4	5	6	7

第二十七，每班作业前，应检查钢丝绳及钢丝绳的连接部位。钢丝绳报废标准按现行国家标准的规定执行。

第二十八，在转动的卷筒上缠绕钢丝绳时，不得用手拉或脚踩引导钢丝绳，不得给正在运转的钢丝绳涂抹润滑脂。

第二十九，建筑起重机械报废及超龄使用应符合国家现行有关规定。

第三十，建筑起重机械的吊钩和吊环严禁补焊。当出现下列情况之一时应对其进行更换：

①表面有裂纹、破口；②危险断面及钩颈永久变形；③挂绳处断面磨损超过高度 10%；④吊钩衬套磨损超过原厚度 50%；⑤销轴磨损超过其直径的 5%。

第三十一，建筑起重机械使用时，每班都应对制动器进行检查。当制动器的零件出现下列任意一种情况时，应做报废处理：

①裂纹；②制动器摩擦片厚度磨损达到原厚度的 50%；③弹簧出现塑性变形；④小轴或轴孔直径磨损达原直径的 5%。

第三十二，建筑起重机械制动轮的制动摩擦面不应有妨碍制动性能的缺陷或沾染油污。制动轮出现下列任意一种情况时，应做报废处理：

①裂纹；②起升、变幅机构的制动轮，轮缘厚度磨损大于原厚度的 40%；③其他机构

的制动轮，轮缘厚度磨损大于原厚度的 50%；④轮面凹凸不平度达 1.5~2.0 mm（小直径取小值，大直径取大值）。

（二）起重机械作业

起重机械应在平坦坚实的地面上作业、行走和停放。作业时，坡度不得大于 3°，起重机械应与沟渠、基坑保持安全距离。

（三）起重机械启动前应重点检查下列项目，并应符合相应要求

（1）各安全防护装置及各指示仪表应齐全完好；（2）钢丝绳及连接部位应符合规定；（3）燃油、润滑油、液压油、冷却水等应添加充足；（4）各连接件不得松动；（5）在回转空间范围内不得有障碍物。

（四）起重机械启动前

应将主离合器分离，各操纵杆放在空挡位置。

（五）内燃机启动后

应检查各仪表指示值，应在运转正常后接合主离合器，空载运转时，应按顺序检查各工作机构及制动器，应在确认正常后作业。

（六）作业时

起重臂的最大仰角不得超过使用说明书的规定。当无资料可查时，不得超过 78°。

（七）起重机械变幅

应缓慢平稳，在起重臂未停稳前不得变换挡位。

（八）起重机械工作时

在行走、起升、回转及变幅四种动作中，应只允许不超过两种动作的复合操作。当负荷超过该工况额定负荷的 90% 及以上时，应慢速升降重物，严禁超过两种动作的复合操作和下降起重臂。

（九）在重物起升过程中

操作人员应将脚放在制动踏板上，控制起升高度，防止吊钩冒顶。当重物悬停空中时，

即使制动踏板被固定，操作人员仍应脚踩在制动踏板上。

（十）采用双机抬吊作业时

应选用起重性能相似的起重机进行。抬吊时应统一指挥，动作应配合协调，载荷应分配合理，起吊重量不得超过两台起重机在该工况下允许起重量总和的75%，单机的起吊载荷不得超过允许载荷的80%。在吊装过程中，两台起重机的吊钩滑轮应保持垂直状态。

（十一）起重机械行走时

转弯不应过急；当转弯半径过小时，应分次转弯。

（十二）机械不宜长距离负载行驶

起重机械负载时应缓慢行驶，起重量不得超过相应工况额定起重量的70%，其中臂应位于行驶方向正前方，载荷离地面高度不得大于500 mm，并应拴好拉绳。

（十三）起重机械上、下坡道时

应无载行走，上坡时应将起重臂仰角适当放小，下坡时应将起重臂仰角适当放大。下坡严禁空挡滑行。在坡道上严禁带载回转。

（十四）作业结束后

起重臂应转至顺风方向，并应降至40°~60°之间，吊钩应提升到接近顶端的位置，关停内燃机，并应将各操纵杆放在空挡位置，各制动器应加保险固定，操作室和机棚应关门加锁。

（十五）起重机械转移工地

应采用火车或平板拖车运输，所用跳板的坡度不得大于15°；起重机械装上车后，应将回转、行走、变幅等机构制动，应采用木楔搜紧履带两端，并应绑扎牢固；吊钩不得悬空摆动。

（十六）起重机械自行转移时

应卸去配重，拆短起重臂，主动轮应在后面，机身、起重臂、吊钩等必须处于制动位置，并应加保险固定。

（十七）起重机械通过桥梁、水坝、排水沟等构筑物时

应先查明允许载荷后再通过，必要时应采取加固措施。通过铁路、地下水管、电缆等设施时，应铺设垫板保护，机械在上面行走时不得转弯。

第二节　汽车、轮胎式起重机

一、汽车、轮胎式起重机的组成

（一）汽车式起重机的组成

汽车式起重机是装在普通汽车底盘或特制汽车底盘上的一种起重机，主要由起升、变幅、回转、起重臂和汽车底盘组成。

1. 汽车式起重机分类

汽车式起重机的种类有很多，其分类方法也各不相同，主要有以下几种：

（1）按起重量分：

轻型汽车式起重机（起重量在 5 t 以下）；中型汽车式起重机（起重量在 5~15 t；重型汽车式起重机（起重量在 5~50 t）；超重型汽车式起重机（起重量在 50 t 以上）。

（2）按支腿形式分：

蛙式支腿、X 形支腿、H 形支腿。蛙式支腿仅适用于较小吨位的起重机；X 形支腿容易产生滑移，也很少采用；H 形支腿可实现较大跨距，对整机的稳定有明显的优越性，所以，中国生产的液压汽车式起重机多采用 H 形支腿。

（3）按传动装置的传动方式分：

机械传动、电传动和液压传动三类。

（4）按起重装置在水平面可回转范围（转台的回转范围）分：

全回转汽车式起重机（转台可任意旋转 360°）和非全回转汽车式起重机（转台回转角小于 270°）。

（5）按吊臂的结构形式分：

折叠式、伸缩式和桁架式。

2. 汽车式起重机特点

汽车式起重机的驾驶室和操作室分开设置，道路行驶视野开阔，在一般道路上均可以

行驶。汽车式起重机移动速度很快；功率大，油耗小，噪声符合国家标准要求；走台板为全覆盖式，便于在车上工作与检修；支腿系统采用双面操作，方便实用。汽车式起重机相对于轮胎式起重机的缺点是：不能带载行走；对道路的承载力和平整度要求较高等。

（二）轮胎式起重机的组成

轮胎式起重机俗称轮胎吊，是指利用轮胎式底盘行走的动臂旋转起重机，主要包括转向系统操作机构、转向器和转向传动机构三个基本组成部分。

1. 轮胎式起重机分类

按转向能源的不同，转向系可分为机械转向系和动力转向机构两大类。

（1）机械转向系

机械转向系是以人力作为唯一的转向动力源，其中所有传力件都是机械的。当需要转向时，驾驶员对转向盘施加一个转向力矩，该力矩通过转向轴输入转向器。从转向盘到转向轴这一系列部件和零件即属于转向操作机构。作为减速传动装置的转向器中常有 1~2 级减速传动副，经转向器放大后的力矩和减速后的运动到转向横拉杆，再传给固定于转向节上的转向节臂，使转向节臂所支承的转向轮偏转，从而改变汽车的行驶方向。这里，转向横拉杆和转向节臂属于转向传动机构。

（2）动力转向机构

操作方向盘时，伞齿轮箱和转向机构箱带动转向阀的油缸侧。油缸和阀杆上分别设有油孔，通过油缸和阀杆的相互作用，内外油孔有时会接通，有时会错开，从而控制油路的"通"和"断"。

2. 轮胎式起重机特点

因为它的底盘不是汽车底盘，因此，设计起重机时不受汽车底盘的限制，轴距、轮距可根据起重机总体设计的要求而合理布置。轮胎起重机一般轮距较宽，稳定性好；轴距小、车身短，故转弯半径小，适用于狭窄的作业场所。轮胎式起重机可前后左右四面作业，在平坦的地面上可不用支腿吊重以及吊重慢速行驶，轮胎式起重机需带载行走时，道路必须平坦坚实，荷载必须符合原厂规定。重物离地高度不得超过 50 cm，并拴好拉绳，缓慢行驶，严禁长距离带载行驶。一般来说，轮胎式起重机行驶速度比汽车式起重机慢，其机动性不及汽车式起重机。但与履带式起重机相比，其具有便于转移和在城市道路上通过的性能。与汽车式起重机相比其具有轮距较宽、稳定性好、车身短、转弯半径小、可在360°范围内工作的优点。

二、汽车式、轮胎式起重机的性能

（一）汽车式起重机的性能

常用的 25 t 汽车式起重机起重性能见表 4-3。

表 4-3　常用的 25 t 汽车式起重机起重性能

QY-25K 汽吊车性能表								
全伸支腿（侧方、后方作业）或选装第五支腿（360°作业）								
工作幅度/m	基本臂 10.40 m		中长臂 17.60 m		中长臂 24.80 m		全伸臂 32.00 m	
	起重量/kg	起升高度/m	起重量/kg	起升高度/m	起重量/kg	起升高度/m	起重量/kg	起升高度/m
3.0	25 000	10.50	14 100	18.11	—	—	—	—
3.5	25 000	10.25	14 100	17.98	—	—	—	—
4.0	24 000	9.97	14 100	17.82	8 100	25.28	—	—
4.5	21 500	9.64	14 100	17.65	8 100	25.16	—	—
5.0	18 700	9.28	13 500	17.47	8 000	25.03	—	—
5.5	17 000	8.86	13 200	17.26	8 000	24.89	6 000	32.32
6.0	14 500	8.39	13 000	17.04	8 000	24.74	6 000	32.30
7.0	11 400	7.22	11 500	16.54	7 210	24.41	5 600	31.95
8.0	9 100	5.54	9 450	15.95	6 860	24.02	5 300	31.66
9.0	—	—	7 750	15.27	6 500	23.59	4 500	31.33

续表

QY-25K 汽吊车性能表							
全伸支腿(侧方、后方作业)或选装第五支腿(360°作业)							
工作幅度 /m	基本臂 10.40 m		中长臂 17.60 m		中长臂 24.80 m		全伸臂 32.00 m	
	起重量/ kg	起升高度/m	起重量/ kg	起升高度/m	起重量/ kg	起升高度/m	起重量/ kg	起升高度/m
10.0	—	—	6 310	14.48	6 000	23.10	4 000	30.97
12.0	-	-	4 600	12.49	4 500	21.94	3 500	30.13
14.0	—	—	3 500	9.60	3 560	20.51	3 200	29.12
16.0	—	—	—	—	2 800	18.74	2 800	27.93
18.0	—	—	—	—	2 300	16.52	2 200	26.52
20.0	—	—	—	—	1 800	13.61	1 700	24.95
22.0	—	—	—	—	1 500	9.29	1 400	22.90
24.0	—	—	—	—	—	—	1 100	20.54
26.0	—	—	—	—	—	—	850	17.60
28.0	—	—	—	—	—	—	640	13.71
29.0	—	—	—	—	—	—	550	11.07

（二）轮胎式起重机的性能

轮胎式起重机的性能见表4-4。

表4-4 起重机性能

起重量/kN	3	5	8	12	16	25	40	65	100
有效幅度/m	1.25	1.35	1.45	1.50	1.50	1.25	1.00	0.85	0.70
支腿横向跨距/m	3.1	3.3	3.5	4.0	4.5	5.0	5.5	6.0	6.6
工作幅度/m	2.8	3.0	3.5	3.5	3.75	3.75	3.75	3.85	4.0
起重力矩/(kN·m)	84	150	256	420	600	940	1500	2500	4000
额定的起重力矩/(kN·m)	80	150	250	400	600	950	1500	2500	4000

三、汽车、轮胎式起重机安全使用技术

第一，起重机械工作的场地应保持平坦坚实，符合起重时的受力要求；起重机械应与沟渠、基坑保持安全距离。

第二，起重机械启动前应重点检查下列项目，并应符合相应要求：

（1）各安全保护装置和指示仪表应齐全完好；（2）钢丝绳及连接部位应符合规定；（3）燃油、润滑油、液压油及冷却水应添加充足；（4）各连接件不得松动；（5）轮胎气压应符合规定；（6）起重臂应可靠搁置在支架上。

第三，起重机械启动前，应将各操纵杆放在空挡位置，手制动器应锁死。应在急速运转3~5 min后进行中高速运转，并应在检查各仪表指示值，确认运转正常后结合液压泵，液压达到规定值，油温超过30℃时，方可作业。

第四，作业前，应全部伸出支腿，调整机体使回转支撑面的倾斜度在无载荷时不大于1/1 000（水准居中）。支腿的定位销必须插上。底盘为弹性悬挂的起重机，插支腿前应先收紧稳定器。

第五，作业中不得扳动支腿操纵阀。调整支腿时应在无载荷时进行，应先将起重臂转至正前方或后方以后，再调整支腿。

第六，起重作业前，应根据所吊重物的重量和起升高度，并应按起重性能曲线，调整起重臂长度和仰角；应估计吊索长度和重物本身的高度，留出适当起吊空间。

第七，起重臂顺序伸缩时，应按使用说明书进行，在伸臂的同时应下降吊钩。当制动器发出警报时，应立即停止伸臂。

第八，汽车式起重机变幅角度不得小于各长度所规定的仰角。

第九，汽车式起重机起吊作业时，汽车驾驶室内不得有人，重物不得超越汽车驾驶室

上方，且不得在车的前方起吊。

第十，起吊重物达到额定起重量的 50% 及以上时，应使用低速挡。

第十一，作业中发现起重机倾斜、支腿不稳定等异常现象时，应在保证作业人员安全的情况下，将重物降至安全的位置。

第十二，当重物在空中需停留较长时间时，应将起升卷筒制动锁住，操作人员不得离开操作室。

第十三，起吊重物达到额定起重量的 90% 以上时，严禁向下变幅，同时严禁进行两种及两种以上的操作动作。

第十四，起重机械带载回转时，操作应平稳，应避免急剧回转或急停，换向应在停稳后进行。

第十五，起重机械带载行走时，道路应平坦坚实，载荷应符合使用说明书的规定，重物距离地面不得超过 500 mm，并应拴好拉绳，缓慢行驶。

第十六，作业后，应先将起重臂全部缩回放在支架上，再收回支腿；吊钩应使用钢丝绳挂牢；车架尾部两撑杆应分别撑在尾部下方的支座内，并应采用螺母固定；阻止机身旋转的销式制动器应插入销孔，并应将取力器操纵手柄放在脱开位置，最后应锁住起重操作室门。

第十七，起重机械行驶前，应检查确认各支腿收存牢固，轮胎气压应符合规定，行驶时，发动机水温应在 80~90℃ 范围内，当水温未达到 80℃ 时，不得高速行驶。

第十八，起重机械应保持中速行驶，不得紧急制动，过铁道口或起伏路面时应减速，下坡时严禁空挡滑行，倒车时应有人监护并指挥。

第十九，行驶时，底盘走台上不得有人员站立或蹲坐，不得堆放物件。

第三节　塔式起重机

一、塔式起重机分类与特点

（一）塔式起重机分类

（1）按起重能力大小可分为轻型塔式起重机、中型塔式起重机及重型塔式起重机；（2）按有无行走机构可分为固定式和移动式两种，移动式又可分为履带式、汽车式、轮胎式和轨道式四种行走装置；（3）按其回转形式可分为上回转和下回转两种；（4）按其变幅方式可分为水平臂架小车变幅和动臂变幅两种；（5）按其安装形式可分为自升式、整体快速拆装式和拼装式三种。

（二）塔式起重机特点

1. 塔式起重机的主要优点

（1）具有足够的起升高度、较大的工作幅度和工作空间。（2）可同时进行垂直、水平运输，能使吊、运、装、卸在三维空间中的作业连续完成，作业效率高。（3）司机室视野开阔，操作方便。（4）结构较简单、维护容易、可靠性好。

2. 塔式起重机的缺点

（1）结构庞大，自重大，安装劳动量大。（2）拆卸、运输和转移不方便。（3）轨道式塔式起重机轨道基础的构筑费用大。

二、典型塔式起重机构造与工作原理介绍

（一）轻型塔式起重机

QT25A 型轻型塔式起重机的塔身采用了伸缩式结构、小车变幅、轨道行走（或固定）及下回转式。当臂架采用30°仰角时，可用于 8 层建筑楼面的吊装。这类轻型塔式起重机具有整体拖运、安装方便，转移迅速等特点。

其主要由金属结构部分、交叉滚柱回转支承、回转平台、钢丝绳滑轮系统架设机构、工作机构和电气设备等组成。

塔身由上、下两节组成，为角钢焊接的桁架式结构。上塔身，上部有操作室；下塔身，下部与回转平台上的人字架铰接。上塔身套装于下塔身之中，上、下塔身之间有四组导向滚轮，作为塔身伸缩时的支承与导向，减小运动时的摩擦阻力。

起重臂为三角形桁架结构，分臂头、臂尾两节。起重小车沿下弦行走，小车牵引机构安装在根部。臂架在双向两个平面内折叠，拖运时臂头在水平方向内紧贴臂尾。塔顶活动撑架采用人字形结构。由于伸缩式塔身后倒放置，拖运长度大大减小。

回转平台为型钢焊成的框架结构，装有起升与安装共用的双筒卷扬机及回转机构等。右侧装有配电箱，左侧设有下部操作室，供架设及起重时使用；前部通过人字架与塔身连接，后部置平衡重。回转支承采用交叉滚柱轴承盘，降低重心、改善整体稳定性。其外齿圈和回转小齿轮相啮合，构成行星轮系。

（二）QTZ40 型自升式塔式起重机

QTZ40 型自升式塔式起重机具有广泛的适应性，其标准起重臂长可达 30 m，加长臂可

达 35 m 和 40 m。最大起重量 4 t，标称起重力矩 400 kN·m，最大为 470 kN·m。

该机主要由钢结构、工作机构、电气控制系统、液压顶升系统、安全装置及附着装置等组成。

1. 钢结构

钢结构包括塔身、起重臂等，主要特点是结构简单，标准化强。塔身主要由若干标准节构成，其标准节由型钢焊接成格构式方形断面，每节高度为 2.4 m，标准节之间用高强度螺栓连接，塔式起重机的工作高度由安装塔身标准节节数的多少决定。塔身的底架装在底部基础节上，塔身上部装有顶升套架，套架上装有液压顶升机构，套架和液压顶升机构是作为接高塔身时使用的专门装置。

塔身顶部装有回转支承及塔帽，其前后对称地铰接有起重臂和平衡臂，起重臂由五节组成，可分别构成 30 m、35 m、40 m 臂，断面为三角形钢结构件，下弦兼作起重小车的运行轨道。单吊点的起重臂拉杆一端支承在塔帽上，另一端拉在起重臂的上弦杆上，用于支承起重臂呈水平状。平衡臂由平台、扶栏等构成，上面放有平衡配重、起升机构等。

2. 工作机构

本机的起升钢丝绳滑轮组的倍率为两倍率或四倍率互换式，从而可调整起升速度与起重量。

3. 液压顶升系统和自升过程

塔式起重机工作高度的自升过程主要是由液压顶升系统与爬升套架共同完成的。液压顶升系统安装在爬升套架上，在自升过程中通过油泵、阀、液压油缸等提供安全可靠的动力将塔式起重机的上部逐渐抬起，使塔身顶部形成足够的空间用以加接标准节。根据高度需要每次可加装多节标准节。

爬升套架可分为外套架式和内套架式两种。用得较多的外套架式主要由套架、平台、扶手等组成。套架在塔身标准节的顶端，其上部用螺栓与回转支承座相连。在套架侧边安装有液压顶升系统。

（三）轨道式塔式起重机

轨道式塔式起重机是一种应用广泛的起重机。

TQ60/80 型轨道式塔式起重机是轨道行走式、上回转、可变塔高塔式起重机。

三、塔式起重机安全使用技术

第一，行走式塔式起重机的轨道基础应符合下列要求：

（1）路基承载能力应满足塔式起重机使用说明书要求。（2）每间隔 6 m 应设轨距拉杆一个，轨距允许偏差应为公称值的 1/1 000，且不得超过±3 mm。（3）在纵横方向上，钢轨顶面的倾斜度不得大于 1/1 000；塔机安装后，轨道顶面纵、横方向上的倾斜度，对上回转塔式起重机应不大于 3/1 000；对下回转塔机应不大于 5/1 000。在轨道全程中，轨道顶面任意两点的高差应小于 100 mm。（4）钢轨接头间隙不得大于 4 mm，与另一侧轨道接头的错开距离不得小于 1.5 m，接头处应架在轨枕上，接头两端高度差不得大于 2 mm。（5）距轨道终端 1 m 处应设置缓冲止挡器，其高度不应小于走轮的半径。在轨道上应安装限位开关碰块，安装位置应保证塔机在与缓冲止挡器或与同一轨道上其他塔机相距大于 1 m 处能完全停住，此时电缆线应有足够的富余长度。（6）鱼尾板连接螺栓应紧固，垫板应固定牢靠。

第二，塔式起重机的混凝土基础应符合使用说明书和现行行业标准规定。

第三，塔式起重机的基础应排水通畅，并应按专项方案与基坑保持安全距离。

第四，塔式起重机应在其基础验收合格后进行安装。

第五，塔式起重机的金属结构、轨道应有可靠的接地装置，接地电阻不得大于 4 Ω。高位塔式起重机应设置防雷装置。

第六，装拆作业前应进行检查，并应符合下列规定：

（1）混凝土基础、路基和轨道铺设应符合技术要求；（2）应对所装拆塔式起重机的各机构、结构焊缝、重要部位螺栓、销轴、卷扬机构和钢丝绳、吊钩、吊具、电气设备、线路等进行检查，消除隐患；（3）应对自升塔式起重机顶升液压系统的液压缸和油管、顶升套架结构、导向轮、顶升支撑（爬爪）等进行检查，使其处于完好工况；（4）装拆人员应使用合格的工具、安全带、安全帽；（5）装拆作业中配备的起重机械等辅助机械应状况良好，技术性能应满足装拆作业的安全要求；（6）装拆现场的电源电压、运输道路、作业场地等应具备装拆作业条件；（7）安全监督岗的设置及安全技术措施的贯彻落实应符合要求。

第七，指挥人员应熟悉装拆作业方案，遵守装拆工业和操作规程，使用明确的指挥信号。参与装拆作业的人员，应听从指挥，如发现指挥信号不清或有错误时，应停止作业。

第八，装拆人员应熟悉装拆工艺，遵守操作工程，当发现异常情况或疑难问题时，应及时向技术负责人汇报，不得自行处理。

第九，装拆顺序、技术要求、安全注意事项应按批准的专项施工方案执行。

第十，塔式起重机高强度螺栓应由专业厂家制造，并应有出厂合格证明。高强度螺栓严禁焊接。安装高强度螺栓时，应采用扭矩扳手或专用扳手，并应按装配技术要求拧紧。

第十一，在装拆作业过程中，当遇天气剧变、突然停电、机械故障等意外情况时，应将已装拆的部件固定牢靠，并经检查确认无隐患后方可停止作业。

第十二，塔式起重机各部位的栏杆、平台、扶杆、护圈等安全防护装置应配置齐全。行走式塔式起重机的大车行走缓冲止挡器和限位开关碰块应安装牢固。

第十三，因损坏或其他原因而不能用正常方法拆卸塔式起重机时，应按照技术部门重新批准的拆卸方案执行。

第十四，塔式起重机在安装过程中，应分阶段检查验收。各机构动作应正确、平稳，制动可靠，各安全装置应灵敏有效。在无载荷情况下，塔身的垂直度允许偏差应为4/1 000。

第十五，塔式起重机升降作业时，应符合下列规定：

（1）升降作业应由专人指挥，专人操作液压系统，专人拆装螺栓。非作业人员不得登上顶升套架的操作平台。操作室内应只准一人操作。（2）升降作业应在白天进行。（3）顶升前应预先放松电缆，电缆长度应大于顶升总高度，并应紧固好电缆。下降时应适时收紧电缆。（4）升降作业前，应对液压系统进行检查和试机，应在空载状态下将液压缸活塞杆伸缩3~4次，检查无误后，再将液压缸活塞杆通过顶升梁借助顶升套架的支撑，顶起载荷100~150 mm，停止10 min，观察液压缸载荷是否有下滑现象。（5）升降作业时，应调整好顶升套架滚轮与塔身标准节的间隙，并应按规定要求使起重臂和平衡臂处于平衡状态，将回转机构制动。当回转台与塔身标准节之间的最后一处连接螺栓（销轴）拆卸困难时，应将最后一处连接螺栓（轴销）对角方向的螺栓重新插入，再采取其他方法进行拆卸。不得用旋转起重臂的方法松动螺栓（轴销）。（6）顶升撑脚（爬爪）就位后，应及时插上安全销，才能继续升降作业。（7）升降作业完毕后，应按规定扭力紧固各连接螺栓，应将液压操纵杆扳到中间位置，并应切断液压升降机构电源。

第十六，塔式起重机的附着装置应符合下列规定：

（1）附着建筑物的锚固点的承载能力应满足塔式起重机技术要求。附着装置的布置方式应按使用说明书的规定执行。当有变动时，应另行设计。（2）附着杆件与附着支座（锚固点）应采取销轴铰接。（3）安装附着框架和附着杆件时，应用经纬仪测量塔身垂直度，并应利用附着杆件进行调整，在最高锚固点以下垂直度允许偏差为2/1 000。（4）安装附着框架和附着支座时，各道附着装置所在平面与水平面的夹角不得超过10°。（5）附着框架设置在塔身标准节连接处，并应箍紧塔身。（6）塔身顶升到规定附着间距时，应及时增设附着装置。塔身高出附着装置的自由端高度，应符合使用说明书的规定。（7）塔式起重机作业过程中，应经常检查附着装置，发现松动或异常情况时，应立即停止作业，故障未排除，不得继续作业。（8）拆卸塔式起重机时，应随着降落塔身的进程拆卸相应的附着装置。严禁在落塔之前先拆卸附着装置。（9）附着装置的安装、拆卸、检查和调整应由专人负责。（10）行走式塔式起重机作固定式塔式起重机使用时，应提高轨道基础的承载能力，切断行走机构的电源，并应设置阻挡行走轮移动的支座。

第十七，塔式起重机内爬升时应符合下列规定：

（1）内爬升作业时，信号联络应畅通；（2）内爬升过程中，严禁进行塔式起重机的起升、回转、变幅等各项动作；（3）塔式起重机爬升到指定楼层后，应立即拔出塔身底座的支承梁或支腿，通过内爬升框架及时固定在结构上，并应顶紧导向装置或用楔块塞紧；（4）内爬升塔式起重机的塔身固定间距应符合使用说明书要求；（5）应对设置内爬升框架的建筑结构进行承载力复核，并应根据计算结果采取相应的加固措施。

第十八，雨天后，对行走式塔式起重机，应检查轨距偏差、钢轨顶面的倾斜度、钢轨的平直度、轨道基础的沉降及轨道的通过性能等；对固定式塔式起重机，应检查混凝土基础不均匀沉降。

第十九，根据使用说明书的要求，应定期对塔式起重机各工作机构、所有安全装置、制动器的性能及磨损情况、钢丝绳的磨损及绳端固定、液压系统、润滑系统、螺栓销轴连接处等进行检查。

第二十，配电箱应设置在塔式起重机 3 m 范围内或轨道中部，且明显可见；电箱中应设置带熔断式断路器及塔式起重机电源总开关；电缆卷筒应灵活有效，不得拖缆。

第二十一，塔式起重机在无线电台、电视台或其他电磁波发射天线附近施工时，与吊钩接触的作业人员，应戴绝缘手套和穿绝缘鞋，并应在吊钩上挂接临时放电装置。

第二十二，当同一施工地点有两台以上的塔式起重机并可能互相干涉时，应制订群塔作业方案；两台塔式起重机之间的最小架设距离应保证处于低位塔式起重机的起重臂端部与另一台塔式起重机的塔身之间至少有 2m 的距离；处于高位塔式起重机的最低位置的部件（吊钩升至最高点或平衡重的最低部位）与低位塔式起重机中处于最高位置部件之间的垂直距离不应小于 2 m。

第二十三，轨道式塔式起重机作业前，应检查轨道基础平直无沉陷，鱼尾板、连接螺栓及道钉不得松动，并应清除轨道上的障碍物，将夹轨器固定。

第二十四，塔式起重机启动应符合下列要求：

（1）金属结构和工作机构的外观情况应正常；（2）安全保护装置和指示仪表应齐全完好；（3）齿轮箱、液压油箱的油位应符合规定；（4）各部位连接螺栓不得松动；（5）钢丝绳磨损应在规定范围内，滑轮穿绕应正确；（6）供电电缆不得破损。

第二十五，送电前，各控制器手柄应在零位。接通电源后，应检查并确认不得有漏电现象。

第二十六，作业前，应进行空载运转，试验各工作机构并确认运转正常，不得有噪声及异响，各机构的制动器及安全保护装置应灵敏有效，确认正常后方可作业。

第二十七，起吊重物时，重物和吊具的总重量不得超过塔式起重机相应幅度下规定的起重量。

第二十八，应根据起吊重物和现场情况，选择适当的工作速度，操纵各控制器时应从停止点（零点）开始，依次逐级增加速度，不得越挡操作。在变换运转方向时，应将控制器手柄扳到零位，待电动机停止运转后再转向另一方向，不得直接变换运转方向突然变速或制动。

第二十九，在提升吊钩、起重小车或行走大车运行到限位装置前，应减速缓行到停止位置，并应与限位装置保持一定距离。不得采用限位装置作为停止运行的控制开关。

第三十，动臂式塔式起重机的变幅动作应单独进行；允许带载变幅的动臂式塔式起重机，当载荷达到额定起重量的90%及以上时，不得增加幅度。

第三十一，重物就位时，应采用慢就位工作机构。

第三十二，重物水平移动时，重物底部应高出障碍物 0.5 m 以上。

第三十三，回转部分不设集电器的塔式起重机，应安装回转限位器，在作业时，不得顺一个方向连续回转 1.5 圈。

第三十四，当停电或电压下降时，应立即将控制器扳到零位，并切断电源，如吊钩上挂有重物，应重复放松制动器，使重物缓慢地下降到安全位置。

第三十五，采用涡流制动调速系统的塔式起重机，不得长时间使用低速挡或慢就位速度作业。

第三十六，遇大风停止作业时，应锁紧夹轨器，将回转机构的制动器完全松开，起重臂应能随风转动。对轻型俯仰变幅塔式起重机，应将起重臂落下并与塔身结构锁紧在一起。

第三十七，作业中，操作人员临时离开操作室时，应切断电源。

第三十八，塔式起重机载人专用电梯不得超员，专用电梯断绳保护装置应灵敏有效。塔式起重机作业时，不得开动电梯。电梯停用时，应降至塔身底部位置，不得长时间悬在空中。

第三十九，在非工作状态时，应松开回转制动器，回转部分应能自由旋转；行走式塔式起重机应停放在轨道中间位置，小车及平衡重应置于非工作状态，吊钩组顶部宜上升到距起重臂底面 2~3 m 处。

第四十，停机时，应将每个控制器拨回零位，依次断开各开关，关闭操作室门窗；下机后，应锁紧夹轨器，断开电源总开关，打开高空障碍灯。

第四十一，检修人员对高空部位的塔身、起重臂、平衡臂等检修时，应系好安全带。

第四十二，停用的塔式起重机的电动机、电气柜、变阻器箱及制动器等应遮盖严密。

第四十三，动臂式和未附着塔式起重机及附着以上塔式起重机桁架上不得悬挂标语牌。

第四节 桅杆式起重机

一、桅杆式起重机分类

（一）独脚拔杆

独脚拔杆由拔杆、起重滑轮组、卷扬机、缆风绳和锚碇等组成。按制作材料不同，独脚拔杆分为木独脚拔杆［图4-1（a）］、钢管独脚拔杆以及格构独脚拔杆［图4-1（b）］。

（二）人字拔杆

如图4-2所示，人字拔杆由两根圆木、钢管或格构式构件，在顶部用钢丝绳绑扎或铁件铰接成人字形，在铰接处悬挂起重滑轮组，底部设有拉杆或拉绳以平衡拔杆本身的水平推力。人字拔杆的优点是侧向稳定性好，所需缆风绳较少；缺点是构件起吊后活动范围小，一般仅用于安装重型构件或作为辅助设备吊装厂房屋盖系统的轻型构件。

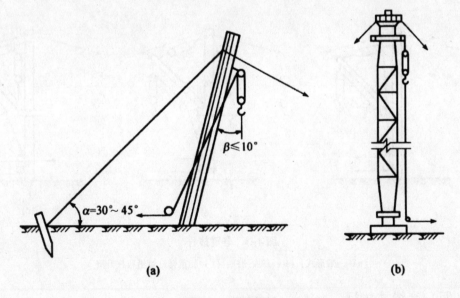

(a)   (b)

图4-1 独脚拔杆

（a）木独脚拔杆；（b）格构式独脚拔杆

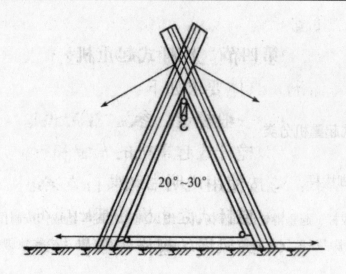

图 4-2　人字拔杆

（三）悬臂拔杆

如图 4-3 所示，悬臂拔杆是在独脚拔杆的中部或 2/3 高度处装上一根起重臂而成。起重杆可以固定在某一部位，可以回转和起伏，也可以根据需要沿拔杆升降。其特点是起重高度和起重半径较大，悬臂起重杆左右摆动角度也大，但其起重量较小，故多用于轻型构件的吊装。

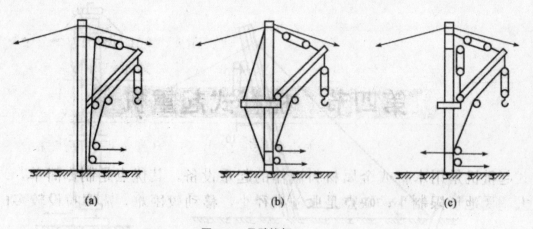

图 4-3　悬臂拔杆

（a）一般形式；（b）带加劲杆；（c）起重臂杆可沿拔杆升降

（四）牵缆式拔杆

如图 4-4 所示，牵缆式拔杆是在独脚拔杆的下端装上一根可以回转和起伏的起重臂而组成。牵缆式拔杆起重机具有较好的灵活性，机身可作 360°回转，起重半径和起重量较大。该起重机的起重量可达 150~600 kN，起重高度可达 80 m，常用于构件多且集中的结构吊装工程。

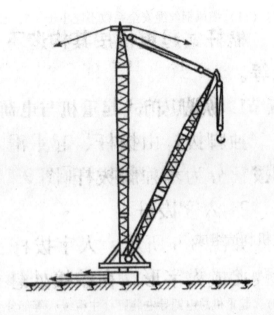

图 4-4 牵缆式拔杆

二、桅杆式起重机安全使用技术

桅杆式起重机专项方案必须按规定程序审批，并应经专家论证后实施。专项方案的内容包括工程概况、施工平面布置；编制依据；施工计划；施工技术参数、工艺流程；施工安全技术措施；劳动力计划；计算书及相关图纸。

施工单位必须指定安全技术人员对桅杆式起重机的安装、使用和拆卸进行现场监督和监测，具体要求如下：

（1）一般规定。参见"履带式起重机"相关规定。（2）桅杆式起重机的安装和拆卸应划出警戒区，清除周围的障碍物，在专人统一指挥下，应按使用说明书和装拆方案进行。（3）桅杆式起重机的基础应符合专项方案的要求。（4）缆风绳的规格、数量及地锚的拉力、埋设深度等应按照起重机性能经过计算确定，缆风绳与地面的夹角不得大于60°，缆绳与桅杆和地锚的连接应牢固。地锚不得使用膨胀螺栓、定滑轮。（5）缆风绳的架设应避开架空电线。在靠近电线的附近，应设置绝缘材料搭设的护线架。（6）桅杆式起重机安装后应进行试运转，使用前应组织验收。（7）提升重物时，吊钩钢丝绳应垂直，操作应平稳；当重物吊起离开支承面时，应检查并确认各机构工作正常后，继续起吊。（8）在起吊额定起重量的90%及以上重物前，应安排专人检查地锚的牢固程度。起吊时，缆风绳应受力均匀，主杆应保持直立状态。（9）作业时，桅杆式起重机的回转钢丝绳应处于拉紧状态。回转装置应有安全制动控制器。（10）桅杆式起重机移动时，应用满足承重要求的枕木排和滚杠垫在底座，并将起重臂收紧处于移动方向的前方。移动时，桅杆不得倾斜，缆风绳的松紧应配合一致。（11）缆风钢丝绳安全系数不应小于3.5，起升、锚固、吊索钢丝绳安全系数不应小于8。

第五节　桥式、门式起重机与电葫芦

一、桥式起重机

（一）桥式起重机构造组成

桥式起重机一般由桥架（又称大车），提升机构，小车、大车移行机构，操纵室，小车导电装置（辅助滑线），起重机总电源导电装置（主滑线）等部分组成。

1. 桥架

桥架是桥式起重机的基本构件，它由主梁、端梁、走台等部分组成。主梁跨架在跨间上空，有箱形、桁架、腹板、圆管等结构形式。主梁两端连有端梁，在两主梁外侧安有走台，设有安全栏杆。在驾驶室一侧的走台上装有大车移行机构，在另一侧走台上装有往小车电气设备供电的装置，即辅助滑线。在主梁上方铺有导轨，供小车移动。整个桥式起重机在大车移动机构拖动下，沿车间长度方向的导轨上移动。

2. 大车移行机构

大车移行机构由大车拖动电动机、传动轴、减速器、车轮及制动器等部件构成，驱动方式有集中驱动与分别驱动两种，如图4-5所示。

3. 小车移行机构

将小车安放在桥架导轨上，可顺着车间的宽度方向移动。小车主要由钢板焊接而成，由小车架以及其上的小车移行机构和提升机构等组成小车移行机构由小车电动机、制动器、联轴器、减速器及车轮等组成。小车电动机经减速器驱动小车主动轮，拖动小车沿导轨移动，由于小车主动轮相距较近，故由一台电动机驱动。小车移行机构的传动形式有两种：一种是减速箱在两个主动轮中间；另一种是减速箱装在小车的一侧。减速箱装在两个主动轮中间，使传动轴所承受的扭矩比较均匀；减速箱装在小车的一侧，使安装与维修比较方便。

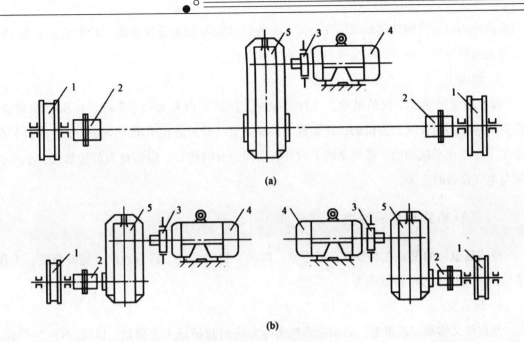

图4-5 大车移行机构示意

（a）集中驱动；（b）分别驱动

1—主动轮；2—联轴器；3—制动器；4—电动机；5—减速器

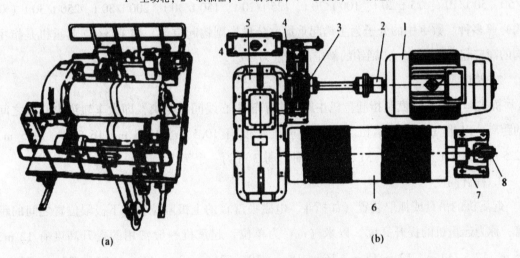

图4-6 小车移行机构示意

（a）小车构造示意；（b）小车传动示意

1—电动机；2—联轴器；3—制动器；4—制动轮；

5—减速器；6—卷筒；7—轴承；8—过卷扬限制器

4. 提升机构

提升机构由提升电动机、减速器、卷筒、制动器等组成。提升电动机经联轴器、制动轮与减速器连接，减速器的输出轴与缠绕钢丝绳的卷筒相连接，钢丝绳的另一端装吊钩，当卷筒转动时，吊钩就随钢丝绳在卷筒上的缠绕或放开而上升或下降。对于起重量在 15 t 及以上的起重机，备有两套提升机构，即主钩与副钩。

5. 操纵室

操纵室是操纵起重机的吊舱，又称驾驶室。操纵室内有大、小车移行机构控制装置、提升机构控制装置及起重机的保护装置等。操纵室一般固定在主梁的一端，也有少数装在小车下方随小车移动的。操纵室的上方开有通向走台的舱口，供检修人员检修大、小车机械与电气设备时上下。

（二）桥式起重机参数

桥式起重机的主要技术参数有起重量、跨度、提升高度、运行速度、提升速度、工作类型及电动机的通电持续率等。

1. 起重量

起重量又称额定起重量，是指重机实际允许的起吊最大负荷量，以吨（t）为单位。桥式起重机按起重量可以分为三个等级：5~10 t 为小型起重机；10~50 t 为中型起重机；50 t 以上的为重型起重机。桥式起重机起重量有 5 t、10 t（单钩）、15 t/3 t、20 t/5 t、30 t/5 t、50 t/10 t、75 t/20 t、100 t/20 t、125 t/20 t、150 t/30 t、200 t/30 t、250 t/30 t（双钩）等多种。数字中的分子为主钩起重量，分母为副钩起重量。如 15 t/3 t 起重机是指主钩的额定起重量为 15 t，副钩的额定起重量为 3 t。

2. 跨度

桥式起重机的跨度是指起重机主梁两端车轮中心线间的距离，即大车轨道中心线之间的距离，以米（m）为单位。桥式起重机跨度有 10.5 m、13.5 m、16.5 m、19.5 m、22.5 m、25.5 m、28.5 m、31.5 m 等多种。每 3 m 为一个等级。

3. 提升高度

起重机的吊具或抓取装置（如抓斗、电磁吸盘）的上极限位置与下极限位置之间的距离，称为起重机的提升高度，以米（m）为单位。起重机一般常用的提升高度有 12 m、16 m、12 m/14 m、12 m/18 m、16 m/18 m、19 m/21 m、20 m/22 m、21 m/23 m、22 m/26 m，24 m/26 m 等几种。其中，分子为主钩提升高度，分母为副钩提升高度。

4. 运行速度

运行速度是指大、小车移动机构在其拖动电动机以额定转速运行时所对应的速度，以米/分（m/min）为单位。小车运行速度一般为 40~60 m/min，大车运行速度一般为 100~135 m/min。

5. 提升速度

提升机构的电动机以额定转速使重物上升的速度，即提升速度。一般提升速度不超过30 m/min，依重物性质、重量、提升要求来决定。提升速度还有空钩速度，空钩速度可以缩短非生产时间，空钩速度可以高达额定提升速度的两倍。提升速度还有个特例，重物接近地面时的低速，称为着陆低速，以保证人身安全和货物的安全，其速度一般为 4 ~ 6 m/min。

6. 工作类型

起重机的工作类型按其载荷率和工作繁忙程度决定，可分为轻级、中级、重级和特重级四种。

（1）轻级

运行速度低，使用次数少，满载机会少，通电持续率为15%。用于不紧张及不繁重的工作场所。如在水电站、发电厂中用作安装检修用的起重机。

（2）中级

经常在不同载荷下工作，速度中等，工作不太繁重，通电持续率为25%，如一般机械加工车间和装配车间用的起重机。

（3）重级

工作繁重，经常在重载荷下工作，通电持续率为40%，如冶金和铸造车间内使用的起重机。

（4）特重级

经常吊额定负荷，工作特别繁忙，通电持续率为60%，如冶金专用的桥式起重机。

7. 通电持续率

桥式起重机的各台电动机在一个工作周期内是断续工作的，其工作的繁重程度用通电持续率表示。通电持续率为工作时间与工作周期的百分比，即

$$JC\% = \frac{\text{工作时间}}{\text{工作周期}} = \frac{T_g}{T} \times 100\% = \frac{T_g}{T_g + T_0} \times 100\%$$

式中：

$JC\%$ ——通电持续率；

T_g ——通电时间；

T_0 ——休息时间；

T ——工作周期，一个起重机标准的工作周期通常定位为 10 min。

标准的通电持续率规定为15%、25%、40%、60%四种。

二、门式起重机

门式起重机是桥式起重机的一种变形，又叫作龙门吊。其主要用于室外的货场、料场货、散货的装卸作业。门式起重机具有场地利用率高、作业范围大、适应面广、通用性强等特点，在港口货场得到广泛使用。

门式起重机按门口框结构可分为全门式起重机、半门式起重机和悬臂门式起重机。悬臂门式起重机可分为双悬臂门式起重机和单悬臂门式起重机。双悬臂门式起重机是最常见的一种结构形式，其结构的受力和场地面积的有效利用都是合理的。单悬臂门式起重机往往是因场地的限制而被选用。

三、电动葫芦

电动葫芦是一种特种起重设备，安装在天车、门式起重机之上，电动葫芦具有体积小、质量轻、操作简单、使用方便等特点，用于工矿企业、仓储、码头等场所。

电动葫芦由电动机、传动机构和卷筒或链轮组成，其起重量一般为 0.3~80 t，起升高度为 3~30 m。

四、桥式、门式起重机与电动葫芦安全使用技术

第一，起重机路基和轨道的铺设应符合使用说明书的规定，轨道接地电阻不得大于 4 Ω。

第二，门式起重机的电缆应设有电缆卷筒，配电箱应设置在轨道中部。

第三，用滑线供电的起重机应在滑线的两端标有鲜明的颜色，滑线应设置防护装置，防止人员及吊具钢丝绳与滑线意外接触。

第四，轨道应平直，鱼尾板连接螺栓不得松动，轨道和起重机运行范围不得有障碍物。

第五，门式、桥式起重机作业前应重点检查下列项目，并应符合以下要求：

（1）机械结构外观应正常，各连接件不得松动；（2）钢丝绳外表情况应良好，绳卡应牢固；（3）各安全限位装置应齐全完好。

第六，操作室内应垫木板或绝缘板，接通电源后应采用试电笔测试金属结构部分，并应确认无漏电现象；上、下操作室应使用专用扶梯。

第七，作业前，应进行空载试运转，检查并确认各机构运转正常，制动可靠，各限位开关灵敏有效。

第八，在提升大件时不得用快速，并应拴拉绳防止摆动。

第九，吊运易燃、易爆、有害等危险品时，应经安全主管部门批准，并应有相应的安

全措施。

第十，吊运路线不得从人员、设备上面通过；空车行走时，吊钩应离地面2 m以上。

第十一，吊运重物应平稳、慢速，行驶中不得突然变速或倒退。两台起重机同时作业时，应保持5m以上距离。不得用一台起重机顶推另一台起重机。

第十二，起重机行走时，两侧驱动轮应保持同步，发现偏移应及时停止作业，调整修理后继续使用。

第十三，作业中，人员不得从一台桥式起重机跨越到另一台桥式起重机。

第十四，操作人员进入桥架前应切断电源。

第十五，门式、桥式起重机的主梁挠度超过规定值时，应修复后使用。

第十六，作业后，门式起重机应停放在停机线上，用夹轨器锁紧；桥式起重机应将小车停放在两条轨道中间，吊钩提升到上部位置。吊钩上不得悬挂重物。

第十七，作业后，应将控制器拨到零位，切断电源，应关闭并锁好操作室门窗。

第十八，电动葫芦使用前应检查机械部分和电气部分，钢丝绳、链条、吊钩、限位器等应完好，电气部分应无漏电，接地装置应良好。

第十九，电动葫芦应设缓冲器，轨道两端应设挡板。

第二十，第一次吊重物时，应在吊离地面100 mm时停止上升，检查电动葫芦制动情况，确认完好后再正式作业。露天作业时，电动葫芦应设有防雨棚。

第二十一，电动葫芦起吊时，手不得握在绳索与物体之间，吊物上升时应防止冲顶。

第二十二，电动葫芦吊重物行走时，重物离地不宜超过1.5 m高。工作间歇不得将重物悬挂在空中。

第二十三，电动葫芦在作业中发生异味、高温等异常情况时，应立即停机检查，排除故障后继续使用。

第二十四，使用悬挂电缆电器控制开关时，绝缘应良好，滑动应自如，人站立位置的后方应有2 m的空地，并应能正确操作电钮。

第二十五，在起吊中，由于故障造成重物失控下滑时，应采取紧急措施，向无人处下放重物。

第二十六，在起吊中不得急速升降。

第二十七，电动葫芦在额定载荷制动时，下滑位移量不应大于80 mm。

第二十八，作业完毕后，电动葫芦应停放在指定位置，吊钩升起，并切断电源，锁好开关箱。

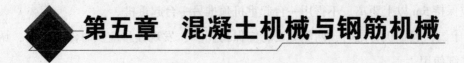

第五章 混凝土机械与钢筋机械

第一节 混凝土搅拌机

一、混凝土搅拌机的类型、特点和应用

混凝土搅拌机按照进料、搅拌、出料是否连续，可分为周期作业和连续作业两种形式。周期作业式混凝土搅拌机按其搅拌原理分为自落式和强制式两种。

自落式搅拌机的搅拌原理：物料由固定在旋转搅拌筒内壁的叶片带至高处，靠自重下落而进行搅拌。

自落式搅拌机可以搅拌流动性和塑性混凝土拌和物。由于结构简单、磨损小、维修保养方便、能耗低，虽然它的搅拌性能不如强制式搅拌机，但仍得到广泛应用。特别是对流动性混凝土拌和物，选用自落式搅拌机不仅搅拌质量稳定，而且不漏浆，比强制式搅拌机经济。

强制式搅拌机可以搅拌各种稠度的混凝土拌和物和轻骨料混凝土拌和物，这种搅拌机拌和时间短、生产率高，以拌和干硬性混凝土为主，在混凝土预制构件厂和商品混凝土搅拌楼（站）中占主导地位。

我国混凝土搅拌机的生产已基本定型，其产品型号由汉语拼音字母和数字两部分组成。J：搅拌机；G：搅拌筒为鼓形；Z：锥形反转出料；Q：强制式；F：锥形倾翻出料式；R：内燃机驱动。数字除以 1 000 表示额定出料容量，单位为 m^3，如 JG250 表示出料容量为 $0.25m^3$ 的鼓形自落式混凝土搅拌机。

混凝土搅拌机的主要性能参数有出料容量、进料容量、搅拌机额定功率、每小时工作循环次数和骨料最大粒径。相关标准中规定：混凝土搅拌机一律以每筒出料并经捣实后的体积（m^3）作为搅拌机的额定容量，这一容量即性能参数中的出料容量。出料容量与进料容量在数量上的关系为：

$$出料容量（m^3）=进料容量\times5/8（m^3）$$

二、混凝土搅拌机类型的选择和使用

混凝土搅拌机类型的选择和使用是否恰当，将直接影响到工程造价、进度和质量。因此，必须根据工程量的大小、搅拌机的使用年限、施工条件及所施工的混凝土施工特性（如骨料最大粒径、坍落度大小、黏聚性等）来正确选择混凝土搅拌机的类型、出料容量和台数，并合理使用。在选择混凝土搅拌机的具体型号和数量时，一般应考虑以下几点：

（一）从工程量和工期方面考虑

当混凝土工程量大，且工期长，宜选用中型或大型固定式混凝土搅拌机群、搅拌楼（站）；当混凝土需求量不太大，且工期不太长，宜选用中型固定式或中、小型移动式混凝土搅拌机组；当混凝土需求零散且用量较小，以选用中小型或小型移动式混凝土搅拌机为宜。

（二）从动力方面考虑

当电源充足，则应选用电动搅拌机；在无电源或电源不足的场合，应选用内燃机驱动的搅拌机。

（三）从工程所需混凝土的性质考虑

混凝土为塑性、半塑性时，宜选用自落式搅拌机；若要求混凝土为高强度、干硬性或细石骨料混凝土时，宜选用强制式搅拌机。

（四）从混凝土组成特性和稠度方面考虑

当混凝土稠度小，且骨料粒径大，宜选用容量大一些的自落式搅拌机；当混凝土稠度大且骨料粒径也较大时，宜选用搅拌筒旋转速度快一些的自落式搅拌机；当混凝土稠度大，骨料粒径小（粒径不大于60mm的卵石或粒径不大于40mm的碎石），宜选用强制式搅拌机或中小容量的锥形反转出料式搅拌机。

三、常用搅拌机型号及特点

（一）JG250型混凝土搅拌机

JG250型混凝土搅拌机是比较早期的一种典型的自落式搅拌机，其适应骨料最大粒径为60mm。它的特点是结构简单紧凑，配套齐全，运行平稳，操作简便，使用安全。因而至今仍是建筑工地用于搅拌塑性混凝土的机械。JG250型混凝土搅拌机主要由动力传动系统、进出料机构、搅拌机构、配水系统、操作系统、机架和行走机构等组成。图5-1为JG250型混凝土搅拌机示意图。

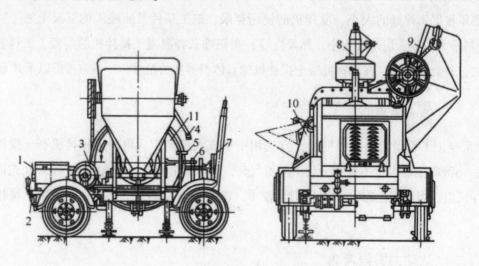

图 5-1　JG250 型混凝土搅拌机示意

1—动力箱；2—水泵；3—进料斗提升离合器；4—加水控制手柄；

5—进料斗提升手柄；6—进料斗下降手柄；7—出料手轮；8—配水箱；

9—料斗；10—出料槽；11—搅拌鼓筒

（二）JZ350 型混凝土搅拌机

JZ350 型混凝土搅拌机为锥形搅拌筒、反转出料、移动式混凝土搅拌机。按它的搅拌原理属于自落式，其适应骨料最大粒径为60mm。JZ350 型混凝土搅拌机适用于拌和塑性和低流动性混凝土，搅拌时，锥形搅拌筒旋转，叶片使物料提升、下落的同时，还强迫物料作轴向窜动。这种搅拌机与鼓形自落式搅拌机相比，其搅拌比较强烈，生产率高，拌出来的混凝土质量好，这种搅拌机的构造也较简单、操作方便，因而在建筑工地获得广泛的应用。JZ350 型混凝土搅拌机主要由动力传动系统、上料机构、搅拌机构、配水系统、电器控制部分、机架和行走机构等组成。图5-2为JZ350型混凝土搅拌机示意图。

（三）JQ250 型强制式混凝土搅拌机

JQ250 型强制式混凝土搅拌机属于立轴涡浆式混凝土搅拌机。该搅拌机具有结构紧凑、体积较小、工作中封闭性好、拌和混凝土均匀等优点。它主要由动力传动系统、进出料机构、搅拌机构、配水系统、操作系统及机架等组成。适合拌和细骨科和干硬性混凝土，是小型混凝土预制厂或建筑工地常用的一种机型。其适应骨料最大粒径为碎石 40mm，卵石 60mm。图 5-3 为 JQ250 型强制式混凝土搅拌机示意图。

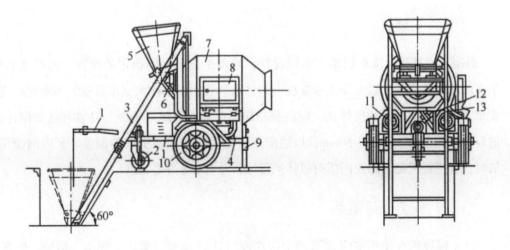

图 5-2　JZ350 型混凝土搅拌机示意

1—牵引架；2—前支轮；3—上料架；4—底盘；5—料斗；

6—中间料斗；7—锥形搅拌筒；8—电器箱；9—支腿；10—行走轮；

11—搅拌动力和传动机构；12—供水系统；13—卷扬系统

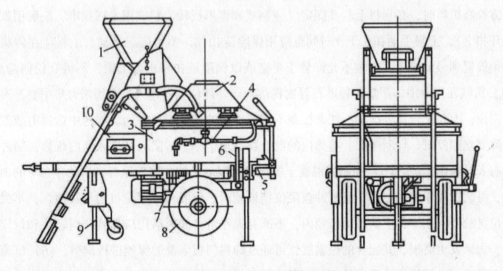

图 5-3　JQ250 型强制式混凝土搅拌机示意

1—进料斗；2—拌筒罩；3—搅拌筒；4—水表；5—出料口；

6—操作手柄；7—传动机构；8—行走轮；9—支腿；10—电器工具箱

四、混凝土搅拌机的安装就位和安全使用要点

（一）安装就位

混凝土搅拌机，应根据施工组织设计，按施工总平面图指定的位置，选择地面平整、坚实的地方就位。先以支腿支承整机，调整水平后，下垫枕木支承机重，不准用行走胶轮支承。使用时间较长的搅拌机，应将胶轮卸下保管，封闭好轴颈。安装自落式搅拌机时，进料口一侧应稍抬高 30~50mm，以适应上料时短时间内所引起的偏重。长时间使用搅拌机时，应搭设机栅，防止雨雪对机体的侵蚀，并有利于冬季施工。

（二）安全使用要点

（1）搅拌机在使用前应按照"十字作业"法（调整、紧固、润滑、清洁、防腐）的要求，来检查搅拌机各机构是否齐全、灵活可靠、运转正常，并按规定位置加注润滑油。各种搅拌机（除反转出料外）都为单向旋转进行搅拌，所以不得反转。（2）搅拌机进入正常运转后，方准加料，必须使用配水系统准确加水。（3）上料斗上升后，严禁料斗下方有人通过，更不得有人在料斗下方停留，以免制动机构失灵发生事故；如果需要在上料斗下方检修机器时，必须将上料斗固定（强制式和锥形反转出料式用木杠顶牢，鼓形用保险链环扣上），上料手柄在非工作时间也应用保险链扣住，不得随意扳动。上料斗在停机前必须放置到最低位置，绝对不允许悬于半空或以保险链扣在机架上梁，不得有任何隐患。（4）机械在作业中，严禁各种砂石等物料落入运转部位。操作人员必须精力集中，不准离开岗位，上料配合比要准确，注意控制不同搅拌机的最佳搅拌时间。如遇中途停电或发生故障要立即停机、切断电源，将筒内的混合物清理干净。若需人员进入筒内维修，筒外必须有人看电闸监护。（5）强制式混凝土搅拌机无振动机构，因而原材料易黏存在斗的内壁上，可通过操作机构使料斗反复冲撞限位挡板倾料。但要保证限位机构不被撞坏，不失其限位灵敏度。在卸料手柄甩动半径内，不准有人停留。卸料活门应保持开启轻快和封闭严密，如果发生磨损，其配合的松紧度，可通过卸料门板下部的螺栓进行调整。（6）每班工作完毕后，必须将搅拌筒内外积灰、黏渣清理干净，搅拌筒内不准有清洗积水，以防搅拌筒和叶片生锈。清洗搅拌机的污水应引入渗井或集中处理，不准在机旁或建筑物附近任其自流。尤其在冬季，严防搅拌机筒内和地面积水甚至结冰，应有防冻、防滑、防火措施。（7）操作人员下班前，必须切断搅拌机电源，锁好电闸箱，确保机械各操作机构处于零位。

第二节 混凝土搅拌车

一、混凝土搅拌运输车的特点和使用方式

混凝土搅拌运输车是在载重汽车底盘上装备一台混凝土搅拌机，也称为汽车式混凝土搅拌机。混凝土搅拌运输车是专门运输混凝土工厂生产的商品混凝土的配套设备。

（一）特点

混凝土搅拌运输车的特点：在运量大、运距远的情况下，能保持混凝土的质量均匀，不发生泌水、分层、离析和早凝现象，适用于机场、道路、水利工程、大型建筑工程施工，是发展商品混凝土必不可少的设备。图 5-4 为混凝土搅拌车。

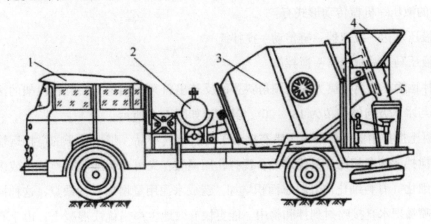

图 5-4 混凝土搅拌车

1—载重汽车；2—水箱；3—搅拌筒；4—装料斗；5—卸料机构

（二）使用方式

1. 当运送距离小于 10km 时

将拌好的混凝土装入搅拌筒内，在运送途中，搅拌筒不断地作低速旋转，这样，混凝土在筒内便不会产生分层、离析或早凝等现象，保证至工地卸出时混凝土拌和物均匀，这种方法实际上是把混凝土搅拌运输车作为混凝土的专用运输工具使用。

2. 当运送距离大于 10km 时

为了减少能耗和机械磨损，可将搅拌楼按配合比要求配好的混凝土干混料直接装入搅

拌筒内，拌和用水注入水箱内，待车行至浇筑地点前 15~20min 行程时，开动搅拌机，将水箱中的水定量注入搅拌筒内进行拌和，即在途中边运输、边搅拌，到浇筑地点卸载已拌好的混凝土。

二、混凝土搅拌运输车的基本组成

从图 5-4 中可以看到，混凝土搅拌运输车是由载重汽车、水箱、搅拌筒、装料斗、传动系统和卸料机构组成。

混凝土搅拌运输车搅拌筒旋转的动力源有两种形式：一种是搅拌筒旋转和汽车底盘共用一台发动机，即集中驱动。另一种是搅拌筒旋转单独设置一台发动机，即单独驱动。

单独驱动的优点是：搅拌筒工作状态不受汽车底盘负荷的影响，更能保证混凝土运输质量；同时底盘行驶性能也不受搅拌机的影响，有利于充分发挥底盘的牵引力。较大混凝土搅拌运输车搅拌筒传动形式有机械传动和液压—机械传动两种。由于液压—机械传动具有结构紧凑、操作方便、噪声小、平稳且能实现无级调速，所以大多数采用液压—机械传动形式。典型的液压—机械传动形式有：

变量泵—液压马达—减速器—链传动—搅拌筒

变量泵—液压马达—减速器—搅拌筒

混凝土搅拌运输车的搅拌筒为固定倾角斜置的反转出料梨形结构，安装在机架的滚轮及轴承座上，与水平方向的夹角为 18°~20°，其构造如图 5-5 所示。

当前，混凝土搅拌运输车已推出了带有振动子的新一代产品，带振动子的搅拌运输车与一般自落式搅拌运输车相比，其优点是：搅拌作用强烈，又可避免强制式搅拌机或多或少地引起骨料细化（骨料细化使骨料总面积增加，造成水泥用量增加）的缺点；这种搅拌运输车用高压喷嘴把水直接喷射到拌和物中，能更快有效地生产出优质混凝土；由于有振动装置，使卸料迅速干净，只需很少清洁水，并可回收使用拌和用水，减少能耗和叶片磨损。

带有振动子的混凝土搅拌运输车能有效地拌和钢纤维混凝土、泡沫混凝土和轻骨料混凝土等。图 5-6 为带振动子的混凝土搅拌运输车的上半部分示意图。

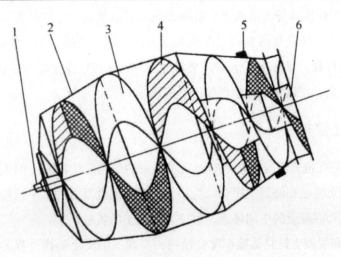

图 5-5 混凝土搅拌运输车的搅拌筒构造示意
1—中心轴；2—搅拌筒体；3、4—螺旋叶片；5—环形滚道；6—进料导管

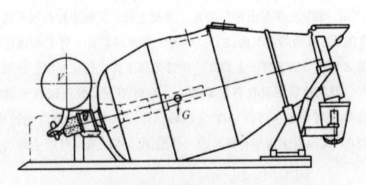

图 5-6 带振动子的混凝土搅拌运输车上半部分示意

第三节 混凝土泵和混凝土泵车

一、混凝土泵

混凝土泵是利用压力将混凝土拌和物沿管道连续输送到浇筑地点的设备，混凝土泵能同时完成水平运送和垂直运送，与混凝土搅拌运输车配合使用，实现了混凝土运输过程的完全机械化，大大提高了混凝土的运输效率和混凝土工程的进度和质量。

将混凝土泵和布料装置安装在载重汽车底盘上，形成混凝土泵车，具有机动性强、布料灵活等特点。混凝土泵与独立的布料装置配合使用，适用于工业与民用建筑的大体积混凝土施工，特别是大型高层建筑施工，已成为必不可少的主要设备。

混凝土泵技工作原理分为活塞式、挤压式和水压隔膜式。常用的为双缸液压往复活塞式混凝土泵，双缸液压往复活塞式混凝土泵配置两个混凝土缸，当一个缸为吸料行程时，另一个缸为推料行程，双缸往复运动，交替地工作，保证混凝土沿管道的输送连续平稳，排量大、生产率高，在建筑工程中得到广泛应用。

二、混凝土泵车

混凝土泵车是在拖式混凝土泵基础上发展起来的专用灌注混凝土的设备。混凝土泵车的应用，将混凝土输送和浇筑工序合二为一，同时完成混凝土的水平运输和垂直运输，不再需要起重设备和混凝土的中间转运，保证了混凝土的质量。

混凝土泵车和混凝土搅拌运输车配合使用，实现了混凝土运输过程的完全机械化，大大提高了运输效率和混凝土工程的进度。

图 5-7 为 BC85-21（IPF85B）型混凝土泵车的基本构造，其理论最大输送量为 85 m，布料高度为 20.7 m。混凝土泵车由布料装置、混凝土泵、支腿装置和汽车底盘等组成。

混凝土泵装在经过改装的汽车底盘上，车上装有布料装置、臂架和输送混凝土的臂架软管等。臂架为 Z 形三节折叠臂，上臂架、中臂架和下臂架相互铰接，分别由驱动液压缸进行折叠或展开。臂架软管附着在各段臂架上，在臂架铰接处用密封可靠的回转接头连接。整个臂架安装在转台上，可作 360° 全回转，臂端软管的托架也能转动。图 5-8 为 BC85-21（IPR5B）型混凝土泵车布料时的工作范围，其浇筑口可以达到这一空间范围的任意位置。

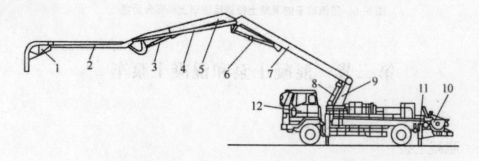

图 5-7 BC85-21（IPF85B）型混凝土泵车的基本构造示意

1—臂架软管；2—上臂架；3—上臂架液压缸；4—输送管；

5—中臂架；6—中臂架液压缸；7—下臂架；8—下臂架液压缸；

9—回转装置；10—混凝土泵；11—支腿；12—汽车底盘

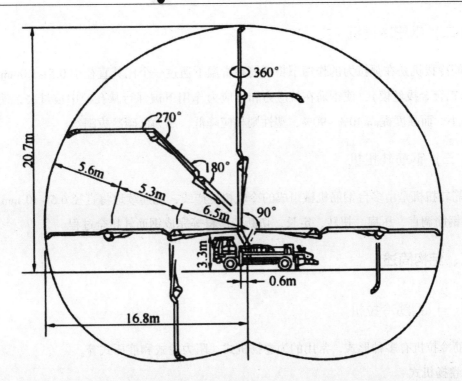

图 5-8 BC85-21（IPR5B）型混凝土泵车布料时的工作范围示意

混凝土泵和混凝土泵车的主要技术参数包括理论最大输送值、泵送混凝土额定压力、水平输送距离和垂直输送距离等。

第四节　钢筋强化机械

一、类型

钢筋强化机械包括钢筋冷拉机、钢筋冷拔机、钢筋轧扭机等机型。

（一）钢筋冷拉机

钢筋冷拉机是对热轧钢筋在正常温度下进行强力拉伸的机械。冷拉是把钢筋拉伸到超过钢材本身的屈服点，然后放松，以使钢筋获得新的弹性阶段，提高钢筋强度（约提高20%~25%）。通过冷拉不但可使钢筋被拉直、延伸，而且还可以起到除锈和检验钢材的作用。

（二）钢筋冷拔机

钢筋冷拔机是在强拉力的作用下将钢筋在常温下通过一个比其直径小 0.5~1.0mm 的孔模（即铝合金拔丝模），使钢筋在拉应力和压应力作用下被强行从孔模中拔过去，使钢筋直径缩小，而强度提高 40%~90%，塑性则相应降低，成为低碳冷拔钢丝。

（三）钢筋轧扭机

钢筋轧扭机是由多台钢筋机械组成的冷轧扭生产线，能连续地将直径 6.5~10 mm 的普通盘圆钢筋调直、压扁、扭转、定长、切断、落料等完成钢筋轧扭全过程。

二、结构简述

（一）钢筋冷拉机

钢筋冷拉机有多种形式，常用的为卷扬机式、阻力轮式和液压式等。

1. 卷扬机式

卷扬机式钢筋冷拉机是利用卷扬机的牵引力来冷拉钢筋。当卷扬机旋转时，夹持钢筋的一组动滑轮被拉向卷扬机，使钢筋被拉伸；而另一组动滑轮则被拉向导向滑轮，为下次冷拉时交替使用。钢筋所受的拉力经传力杆、活动横梁传送给测力器，从而测出拉力的大小。对于拉伸长度，可通过标尺直接测量或用行程开关来控制。

2. 阻力轮式

阻力轮式钢筋冷拉机是以电动机为动力，经减速器使绞轮获得 40 m/min 的速度旋转，通过阻力轮将绕在绞轮上的钢筋拖动前进，并把冷拉后的钢筋送入调直机进行调直和切断。钢筋的拉伸率通过调节阻力轮来控制。

3. 液压式

液压式钢筋冷拉机是以电动机分别带动高、低压力油泵，使高、低压油液经油管、控制阀进入液压张拉缸，从而完成拉伸和回程动作。

（二）钢筋冷拔机

钢筋冷拔机又称拔丝机，有立式、卧式和串联式等形式。

1. 立式

由电动机通过涡轮减速器，带动主轴旋转，使安装在轴上的拔丝卷筒跟着旋转，卷绕强行通过拔丝模的钢筋成为冷拔钢丝。

2. 卧式

由 14 kW 以上的电动机，通过双出头变速器带动卷筒旋转，使钢筋强行通过拔丝模后卷绕在卷筒上。

3. 串联式

由几台单卷筒拔丝机组合在一起，使钢丝卷绕在几个卷筒上，后一个卷筒将前一个卷筒拔过的钢丝再往细拔一次，可一次完成单卷筒需多次完成的冷拔过程。

（三）钢筋冷轧扭机

钢筋由放盘架上引出，经过调直箱调直，并清除氧化皮，再经导引架进入轧机，冷轧到一定厚度，其断面近似矩形，在轧辊推动下，钢筋被迫通过已经旋转了一定角度的一对扭转辊，从而形成连续旋转的螺旋状钢筋，再经由过渡架进入切断机，将钢筋切断后落到持料架上。

三、安全使用

（一）制筋冷拉机的使用要点

（1）进行钢筋冷拉工作前，应先检查冷拉设备能力和钢筋的机械性能是否相适应，不允许超载冷拉。（2）开机前，应对设备各连接部位和安全装置以及冷拉夹具、钢丝绳等进行全面检查，确认符合要求时，方可作业。（3）冷拉钢筋运行方向的端头应设防护装置，防止在钢筋拉断或夹具失灵时钢筋弹出伤人。（4）冷拉钢筋时，操作人员要站在冷拉线的侧向，并设联络信号，使操作人员在统一指挥下进行作业。在作业过程中，严禁横向跨越钢丝绳或冷拉线。（5）钢筋冷拉前，应对测力器和各项冷拉数据进行校核，冷拉值（伸长值）计算后应经技术人员复核，以确保冷拉钢筋质量，并随时做好记录。（6）钢筋冷拉时，如遇接头被拉断时，可重新焊接后再拉，但这种情况不应超过两次。（7）用延伸率控制的装置，必须装设明显的限位装置。（8）电气设备、液压元件必须完好，导线绝缘必须良好，接头处要连接牢固，电动机和启动器的外壳必须接地。

（二）钢筋冷拔机的使用要点

（1）操作前，要检查机器各传动部位是否正常，电气系统有无故障，卡具及保护装置等是否良好。（2）开机前，应检查拔丝模的规格是否符合规定，在拔丝模盒中放入适量的润滑剂，并在工作中根据情况随时添加。在钢筋头边过拔丝模以前也应抹少量润滑剂。（3）拔丝机运转时，严禁任何人在沿线材拉拔方向站立或停留。拔丝卷筒用链条挂料时，操作人员必须离开链条甩动的区域，出现断丝应立即停车，待车停稳后方可接料和采取其他措施。不允许在机器运转中用手取拔丝筒周围的物品。（4）拔丝过程中，如发现盘圆钢筋打结成乱盘时，应立即停车，以免损坏设备。如果不是连续拔丝，要防止钢筋拉拔到最后端头时弹出伤人。

（三）钢丝轧扭机的使用要点

（1）开机前要检查机器各部有无异常现象，并充分润滑各运动件。（2）在控制台上的操作人员必须注意力集中，发现钢筋乱盘或打结时，要立即停机，待处理完毕后，方可开机。（3）在轧扭过程中如有失稳堆钢现象发生，要立即停机，以免损坏轧辊。（4）运转过程中，任何人不得靠近旋转部件。机器周围不准乱堆异物，以防意外。

第五节　钢筋加工机械

一、分类

常用的钢筋加工机械为钢筋切断机、钢筋调直机、钢筋弯曲机、钢筋镦头机等。

（一）钢筋切断机

它是把钢筋原材和已铰直的钢筋切断成所需长度的专用机械。

（二）钢筋调直机

用于将成盘的细钢筋和经冷拔的低碳钢丝调直。它具有一机多用的功能，能在一次操作中完成钢筋调直、输送、切断并兼有清除表面氧化皮和污迹的作用。

（三）钢筋弯曲机

又称冷变机。它是对经过调直、切断后的钢筋，加工成构件或构件中所需要配置的形状，如端部弯钩、梁内弓筋、弯起钢筋等。

（四）钢筋镦头机

预应力混凝土的钢筋，为便于拉伸，需要将其两端镦粗，镦头机就是实现钢筋镦头的专用设备。

二、结构简述

（一）钢筋切断机

钢筋切断机有机械传动和液压传动两种。

1. 机械传动式

由电动机通过三角胶带轮和齿轮等减速后，带动偏心轴来推动连杆作往复运动；连杆端装有冲切刀片，它在与固定刀片相错的往复水平运动中切断钢筋。

2. 液压传动式

电动机带动偏心轴旋转，使与偏心轴面接触的柱塞做往复运动，柱塞泵产生高压油进入油体缸内，推动活塞驱使活动刀片前进，与固定在支座上的固定刀片相错切断钢筋。

（二）钢筋调直机

电动机经过三角胶带驱动调直筒旋转，实现钢筋调直工作。另外通过同在一电机上的又一胶带轮传动来带动另一对锥齿轮传动偏心轴，再经过两级齿轮减速，传到等速反向旋转的上压辊轴与下压辊轴，带动上下压辊相对旋转，从而实现调直和曳引运动。

（三）钢筋弯曲机

钢筋弯曲机是由电动机经过三角胶带轮，驱动蜗杆或由轮减速器带动工作盘旋转。工作盘上有 9 个轴孔，中心孔用来插中心轴或轴套，周围的 8 个孔用来插成型轴或轴套。当工作盘旋转时，中心轴的位置不变化，而成型轴围绕着中心轴作圆弧转动，通过调整成型轴位置，即可将被加工的钢筋弯曲成所需形状。

（四）钢筋镦头机

钢筋镦头机都为冷镦机，按其动力传递的不同方式可分为机械传动和液压传动两种类型。机械传动为电动和手动，只适用于冷镦直径 5 mm 以下的低碳钢丝。液压冷镦机需有液压油泵配套使用，10 型冷镦机最大镦头力为 100 kN，适用于冷镦直径为 5 mm 的高强度碳素钢丝；45 型冷镦机最大镦头力为 450 kN，适用于冷镦直径为 12 mm 普通低合金钢筋。

三、安全使用

（一）钢筋切断机安全使用要点

（1）接送料的工作台前应和切刀下部保持水平，工作台的长度可根据加工材料长度决定。（2）启动前，必须检查切刀应无裂纹，刀架螺栓紧固，防护罩牢靠。然后用手转动皮带轮，检查齿轮啮合间隙，调整切刀间隙。（3）机械未达到正常转速时，不可切料。切料时，必须使用切刀的中、下部位，紧握钢筋对准刃口迅速投入。应在固定刀片一侧握紧并压住钢筋，以防钢筋末端弹出伤人。严禁用两手分在刀片两边握住钢筋俯身送料。（4）不得剪切直径及强度超过机械铭牌规定的钢筋和烧红的钢筋。一次切断多根钢筋时，其总截面积应在规定范围内。（5）剪切低合金钢时，应更换高硬度切刀，剪切直径应符合铭牌规定。（6）切断短料时，手和切刀之间的距离应保持在150 mm以上，如手握段小于400 mm时，应采用套管或夹具将钢筋短头压住或夹牢。（7）运转中，严禁用手直接清除切刀附近的断头和杂物。钢筋摆动周围和切刀周围，不得停留非操作人员。（8）发现机械运转有异常或切刀歪斜等情况，应立即停机检修。

（二）钢筋调直机安全使用要点

（1）料架、料槽应安装平直，对准导向筒、调直筒和下切刀孔的中心线。（2）按调直钢筋的直径，选用适当的调直块及传动速度，经调试合格，方可送料。（3）在调直块未固定、防护罩未盖好前不得送料。作业中严禁打开各部防护罩及调整间隙。（4）当钢筋送入后，手与曳轮必须保持一定的距离，不得接近。（5）送料前，应将不直的料头切除，导向筒前应装一根1 m长的钢管，钢筋必须先穿过钢管再送入调直筒前端的导孔内。

（三）钢筋弯曲机的安全使用操作要点

（1）挡铁轴的直径和强度不得小于被弯钢筋的直径和强度。不直的钢筋，不得在弯曲机上弯曲。（2）作业中，严禁更换轴芯、销子和变换角度以及调速等作业，也不得进行清扫和加油。（3）严禁弯曲超过机械铭牌规定直径的钢筋。在弯曲未经冷拉或带有锈皮的钢筋时，必须戴防护镜。（4）严禁在弯曲钢筋的作业半径内和机身不设固定销的一侧站人。弯曲好的半成品，应堆放整齐，弯钩不得朝上。

（四）钢筋镦头机安全使用要点

1. 电动镦头机

（1）压紧螺杆要随时注意调整，防止上下夹块滑动移位。（2）工作前要注意电动机转动方向，行轮应顺指针方向转动。（3）夹块的压紧槽要根据加工料的直径而定，压紧杆的调整要适当。（4）调整时凸块与块的工作距离不得大于 1.5 mm，空位调整按帽直径大小而定。

2. 液压镦头机

（1）镦头器应配用额定油压在 40 MPa 以上的高压油泵。（2）镦头部件（锚环）和切断部件（刀架）与外壳的螺纹连接，必须拧紧。应注意在锚环或刀架未装上时，不允许承受高压，否则将损坏弹簧座与外壳连接螺纹。（3）使用切断器时，应将镦头器用锚环夹片放下，换上刀架。刀架上的定刀片应随切断钢筋的粗细而更换。

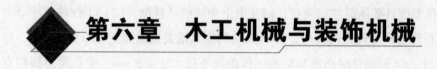

第六章 木工机械与装饰机械

第一节 锯割机械

一、圆锯机的构造

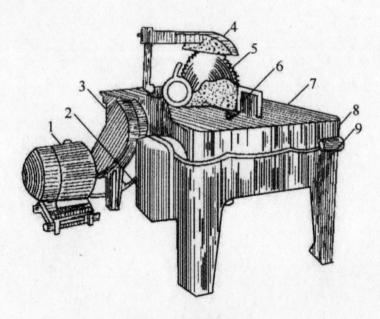

图 6-1 手动进料圆锯机

1—电动机；2—开关盒；3—皮带罩；4—防护罩；5—锯片；

6—锯比导尺；7—台面；8—机架；9—双联按钮

二、圆锯片

　　圆锯机所用的圆锯片的两面是平直的，锯齿经过拨料，用来作纵向锯割或横向截断板、方材及原木，是广泛采用的一种锯片。

锯片的规格一般以锯片的直径、中心孔直径或锯片的厚度为基数。

三、圆锯片的齿形与拨料

圆锯片锯齿形状与锯割木材的软硬、进料速度、光洁度及纵割或横割等有密切关系。锯齿的拨料是将相邻各齿的上部互相向左右拨弯，如图6-2所示。

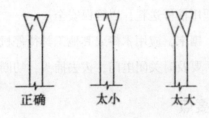

正确　　　　太小　　　　太大

图6-2　锯齿的拨料

正确拨料的基本要求如下：

（1）所有锯齿的每边拨料量都应相等。（2）锯齿的弯折处不可在齿的根部，而应在齿高的一半以上处，厚锯约为齿高的1/3，薄锯为齿高的1/4。弯折线应向锯齿的前面稍微倾斜，所有锯齿的弯折线锯齿尖的距离都应相等。（3）拨料大小应与工作条件相适应，每一边的拨料量一般为0.2~0.8mm，约等于锯片厚度的1.4~1.9倍，最大不应超过2倍。软料与湿材取较大值，硬料与干材取较小值。（4）锯齿拨料一般采用机械和手工两种方法，目前多以手工拨料为主，即用拨料器或锤打的方法进行。

四、圆锯机的操作要求

第一，操作前应检查锯片有无断齿或裂纹现象，然后安装锯片，并装好防护罩和安全装置。

第二，安装锯片应与主轴同心，其内孔与轴的间隙不应大于0.15~0.2 mm，否则会产生离心惯性力，使锯片在旋转中摆动。

第三，法兰盘的夹紧面必须平整，要严格垂直于主轴的旋转中心，同时保持锯片安装牢固。

第四，先检查被锯割的木材表面或裂缝中是否有钉子或石子等坚硬物，以免损伤锯齿，甚至发生伤人事故。

第五，操作时应站在锯片稍左的位置，不应与锯片站在同一直线上，以免木料弹出伤人。

第六，送料不要用力过猛，木料应端平，不要摆动或抬高、压低。

第七，锯到木节处要放慢速度，并应注意防止木节弹出伤人。

第八，纵向破料时，木料要紧靠锯比，不得偏歪；横向截料时，要对准锯料线，端头要锯平齐。

第九，木料锯到尽头，不得用手推按，以防锯伤手指。如果两人操作，下手应待木料出锯台后，方可接位。

第十，木料卡住锯片时应立即停车，再做处理。

第十一，锯短料时，必须用推杆送料，以确保安全。

第十二，锯台上的碎屑、锯末，应用木棒或其他工具待停机后清理。

第十三，锯割作业完成后要及时关闭电门，拔去插头，切断电源，确保安全。

五、圆锯机使用安全要点

第一，锯片上方必须安装保险挡板和滴水装置，在锯片后面，离齿 10~15 mm 处，必须安装弧形楔刀。锯片的安装，应保持与轴同心。

第二，锯片必须锯齿尖锐，不得连续缺齿两个，裂纹长度不得超过 20 mm，裂纹末端应冲止裂孔。

第三，被锯木料厚度，以锯片能露出木料 10~20 mm 为限，夹持锯片的法兰盘的直径应为锯片直径的 1/4。

第四，起动后，待运转正常后方可进行锯料。送料时不得将木料左右摇摆或高抬，遇木节要缓缓送料。锯料长度应不小于 500 mm，接近端头时，应用推棍送料。

第五，操作人员不得站在面对锯片旋转的离心力方向操作，手不得跨越锯片。

第六，如锯片走偏，应逐渐纠正，不得猛扳，以免损坏锯片。

第七，锯片温度过高时，应用水冷却，直径 600 mm 以上的锯片，在操作中应喷水冷却。

第二节　刨削机械

一、平刨机的构造

平刨又名手压刨，它主要由机座、前后台面、刀轴、导板、台面升降机构、防护罩、电动机等组成，如图 6-3 所示。

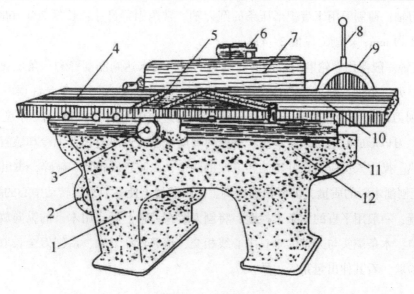

图 6-3 平刨机

1—机座；2—电动机；3—刀轴轴承座；4—工作台面；

5—扇形防护罩；6—导板支架；7—导板；8—前台面调整手柄；

9—刻度盘；10—工作台面；11—电钮；12—偏心轴架护罩

二、平刨机安全防护装置

平刨机是用手推工件前进，为了防止操作中伤手，必须装有安全防护装置，确保操作安全。

平刨机的安全防护装置常用的有扇形罩、双护罩、护指键等，如图 6-4 所示。

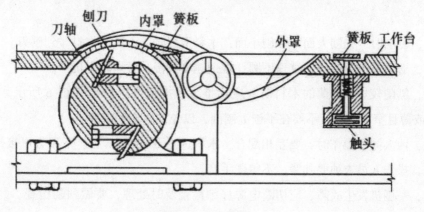

图 6-4 双护罩

三、刨刀

刨刀有两种：一是有孔槽的厚刨刀；一是无孔槽的薄刨刀。厚刨刀用于方刀轴及带弓形盖的圆刀轴；薄刨刀用于带楔形压条的圆刀轴。常用刨刀尺寸：长度 200~600 mm；厚刨刀厚度 7~9 mm；薄刨刀厚度 3~4 mm。

刨刀变钝一般使用砂轮磨刀机修磨。刨刀的磨修要求达到刨削锋利、角度正确、刃口成直线等。刃口角度：刨软木为 35°~37°，刨硬木为 37°~40°。斜度允许误差为0.02%。修磨时在刨刀的全长上，压力应均匀一致，不宜过重，每次行程磨去的厚度不宜超过 0.015 mm，刃口形成时适当减慢速度。磨修时要防止刨刀过热退火，无冷却装置的应用冷水浇注退热。操作人员应站在砂轮旋转方向的侧边，以防止砂轮万一破碎，飞出伤人。

为保证刨削木料的质量，需要精确地调整刀刃装置，使各刀刃离转动中心的距离一致。刀刃的位置，一般用平直的木条来检验，将刨刀装在刀轴上后，用木条的纵向放在后台面上伸出刨口，木条端头与刀轴的垂直中心线相交，然后转动刀轴，沿刨刀全长取两头及中间做三点检验，看其伸出量是否一致。

四、平刨的操作

第一，操作前，应全面检查机械各部件及安全装置是否有松动或失灵现象，如有问题，应修理后使用。

第二，检查刨刃锋利程度，调整刨刃吃刀深度，经试车 1~3 min 后，没有问题才能正式操作。

第三，吃刀深度一般调为 1~2 mm。

第四，操作时，人要站在工作台的左侧中间，左脚在前，右脚在后，左手压住木料，右手均匀推送，如图 6-5 所示。当右手离刨口 150 mm 时即应脱离料面，靠左手用推棒推送。

第五，刨削时，先刨大面，后刨小面；木料退回时，不要使木料碰到刨刃。

第六，遇到节子、戗槎、纹理不顺，推送速度要慢，必须思想集中。

第七，刨削较短、较薄的木料时，应用推棍、推板推送，如图 6-6 所示。长度不足 400 mm 或薄且窄的小料，不要在平刨上刨削，以免发生伤手事故。

第八，两人同时操作时，要互相配合，木料过刨刃 300 mm 后，下手方可接拉。

第九，操作人员衣袖要扎紧，不得戴手套。

第十，平刨机发生故障，应切断电源仔细检查及时处理，要做到勤检查、勤保养、勤维修。

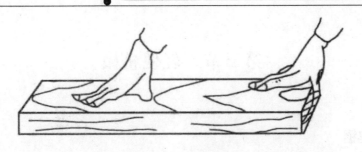

图 6-5 刨料手势

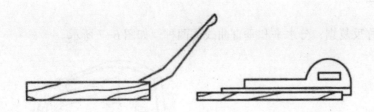

图 6-6 推棍与推板

五、安全使用要点

第一，作业前，检查安装防护装置必须安全有效。

第二，刨料时，手应按在木料的上面，手指必须离开刨口 50 mm 以上。严禁用手在木料后端送料跨越刨口进行刨削。

第三，被刨木料的厚度小于 30 mm，长度小于 400 mm 时，应用压板或压棍推进。厚度在 15 mm，长度小于 250 mm 的木料，不得在平刨机上加工。

第四，被刨木料如有破裂或硬节等缺陷时，必须处理后再刨削。刨旧料前，必须将料上的钉子、杂物清除干净。瘤疤要缓慢送料。严禁将手按压节疤上送料。

第五，刀片和刀片螺丝的厚度、重量必须一致。刀架夹板必须平整贴紧，合金刀片焊缝的高度不得超出刀头，刀片紧固螺丝硬嵌入刀片槽内。槽端离刀背不得小于 10 mm。紧固刀片螺丝时，用力要均匀一致，不得过松和过紧。

第六，机械运转时，不得将手伸进安全挡板里侧去移动挡板或拆除安全挡板进行刨削。严禁戴手套操作。

第三节　轻便机械

一、手提锯

（一）曲线锯

曲线锯又称反复锯，分水平和垂直曲线锯两种，如图6-7所示。

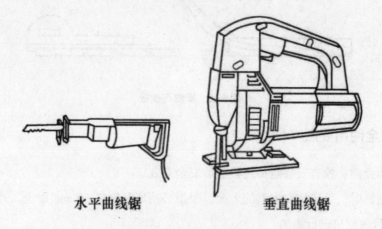

水平曲线锯　　　　　　　　垂直曲线锯

图6-7　电动曲线锯

对不同的材料，应选用不同的锯条，中、粗齿锯条适用于锯割木材；中齿锯条适用于锯割有色金属板、压层板；细齿锯条适用于锯割钢板。

曲线锯可以作中心切割（如开孔）、直线切割、圆形或弧形切割。为了切割准确，要始终保持和体底面与工件成直角。

操作中不能强制推动锯条前进，不要弯折锯片，使用中不要覆盖排气孔，不要在开动中更换零件、润滑或调节速度等。操作时人体与锯条要保持一定的距离，运动部件未完全停下时不要把机体放倒。

对曲线锯要注意经常维护保养，要使用与金属铭牌上相同的电压。

（二）电动圆锯

电动圆锯如图6-8所示。

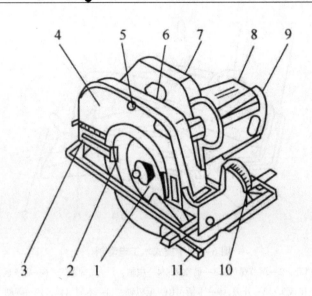

图 6-8 手提式木工电动圆锯

1—锯片；2—安全护罩；3—底架；4—上罩壳；

5—锯切深度调整装置；6—开关；7—接线盒手柄；

8—电机罩壳；9—操作手柄；10—锯切角度调整装置；11—靠山

电锯的锯片有圆形的钢锯片和砂轮锯片两种。钢锯片多用于锯割木材，砂轮锯片用于锯割铝、铝合金、钢铁等。

（三）手提电锯安全使用规定

（1）操作时要将电锯扶牢，不让其摆动，掌握好角度。（2）使用前应检查各部件是否完好无损，电线是否完好。接地线连接要牢固，开关灵敏有效。（3）操作时必须站在绝缘垫上，并试验无问题后方可使用。（4）发现电锯有异常声响或故障时，应立即停止使用，进行修理或更换。（5）工作人员要定期进行绝缘摇测。（6）用手锯进行工作时，推进速度要缓慢。（7）锯片转动方向应正确。（8）锯木材时要将铁件去掉，石灰铲掉。（9）锯大件物品时要有人扶持。（10）长时间不用或暂时不用时，应断开电源，盖好防护罩。

二、手电刨

手提式木工电动刨如图 6-9 所示。手电刨多用于木装修，专门刨削木材表面。

（1）两刨刀必须同时装上并且位置准确，刃口必须与底板成同一平面，伸出高度一致。（2）刨削毛糙的表面，顺时针转动机头调节螺母，先取用较大的刨削深度，并用较慢的推进速度，刨出平整面后，再用较小的刨削深度，即逆时针转动调节螺母，并用适当的速度均匀地刨削。（3）刨刀的刀刃必须锐利。（4）电刨必须经常保持清洁，使用完毕后应进行清理。

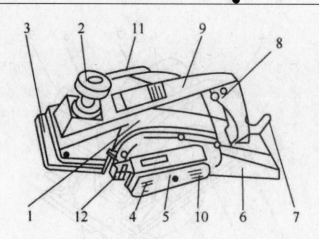

图 6-9 手提式木工电动刨

1—罩壳；2—调节螺母；3—前座板；4—主轴；5—皮带罩壳；6—后座板；

7—接线头；8—开关；9—手柄；10—电机轴；11—木屑出口；12—碳刷

三、钻

手提式电钻基本上分为两种：一种是微型电钻；另一种是电动冲击钻，如图 6-10、图 6-11 所示。

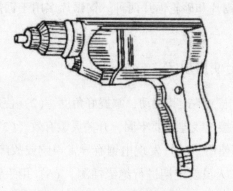

图 6-10 微型电钻

图 6-11 电动冲击钻

手提式电钻是开孔、钻孔、固定的理想工具。

微型电钻适用于金属、塑料、木材等钻孔，电子型号不同，钻孔的最大直径为13mm。

电动冲击钻适用于金属、塑料、木材、混凝土、砖墙等钻孔，最大直径可达22mm。

电动冲击钻是可以调节并旋转带冲击的特种电钻。当把旋钮调到旋转位置，装上钻头，像普通电钻一样，可以对部件进行钻孔。如果把旋钮调到冲击位置，装上合金冲击钻头，可以对混凝土砖墙进行钻孔。

操作时先接上电源，双手端正机体，将钻头对准钻孔中心，打开开关，双手加压，以增加钻入速度。操作时要戴好绝缘手套，防止电钻漏电发生触电事故。

四、电动起子机

电动起子机具有正反转按钮，主要作用是紧固木螺丝和螺母。如图6-12所示。

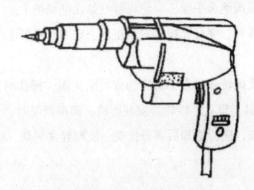

图6-12　电动起子机

五、电动砂光机

电动砂光机的主要作用是将工件表面磨光。操作时，拿起砂光机（图6-13）离开工件并启动电机，当电机达到最大转速时，以稍微向前的动作把砂光机放在工件上，先让主动滚轴接触工件，向前一动后，就让平板部分充分接触工件。砂光机平行于木材的纹理来回移动，前后轨迹稍微搭接。不要给机具施加压力或停留在一个地方，以免造成凹凸不平。

为达到木制品表面磨光要求，可用粗砂先做快磨，用细砂磨最后一遍。安装和调换砂带时，一定要切断电源。

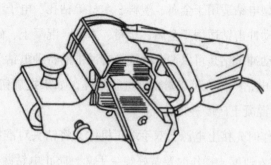

图 6-13　砂光机

六、应注意的安全事项

第一，操作人员必须戴绝缘手套、穿绝缘鞋或站在绝缘垫上。

第二，刀具应刃磨锋利，完好无损、安装正确、牢固。机具上传动部分不许有防护罩，作业时不得随意拆卸。

第三，启动后，空载运转并检查工具联动应灵活无阻，操作时加力要平稳，不得用力过猛；不得用手触摸刃具、模具、砂轮。发现磨钝、破损情况时，立即停机修换。

第四，作业时间过长，应待冷却后再行作业。发现异常现象，应立即停机检查。

第四节　灰浆机械

一、灰浆的搅拌

（一）活门卸料式灰浆搅拌机

活门卸料式灰浆搅拌机的主要规格为 325 L（装料容量），并安装铁轮或轮胎形成移动式，如图 6-14 所示为这种灰浆搅拌机中比较有代表性的一种。它具有自动进料斗和量水器，机架既为支承又为进料斗的滚轮轨道，料筒内沿其中心纵轴线方向装有一根转轴，转轴上装有搅拌叶片。叶片的安装角度除了能保证均匀地搅和灰浆以外，还须使灰浆不因拌叶的搅动而飞溅，量水器为虹吸式，可自动量配拌和用水。转轴由筒体两端的轴承支承，并与减速器输出轴相联。由电动机通过 V 形带驱动。卸料活门由手柄启闭，拉起手柄可使活门开启，推压手柄可使活门关闭。

活门卸料灰浆搅拌机的卸料比较干净，操纵省力，但活门密封要求比较严格。

（二）倾翻卸料式灰浆搅拌机

倾翻卸料式灰浆搅拌机的常用规格为 200 L（装料容量），有固定式搅拌机和移动式搅拌机两种，均不配备容量水器和进料斗，加料和给水由人工进行，如图 6-14 所示。卸料时，摇动手柄，手柄轴端的小齿轮即推动装在筒侧的扇形齿条使料筒倾倒，筒内灰浆由筒边的倾斜凹口排出。

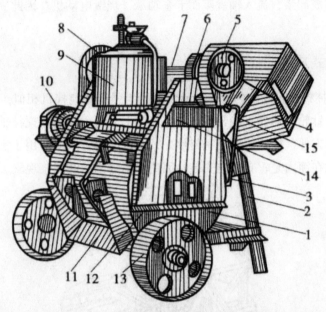

图 6-14 活门卸料灰浆搅拌机外形结构图

1—装料筒；2—机架；3—料斗升降控制手柄；4—进料斗；5—制动轮；
6—卷筒；7—上轴；8—离合器；9—量水器；10—电动机；11—卸料门；
12—卸料手柄；13—行走轮；14—三通阀；15—给水手柄

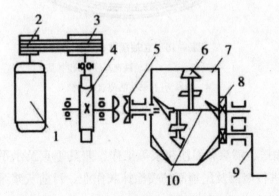

图 6-15 HJ-200 型灰浆搅拌机的传动系统

1—装料筒；2—动力装置；3—机架；4—搅拌片；5—固定销；
6—支承架；7—销轴；8—支承轮；9—摇把；10—主轴

如图 6-15 所示为 HJ-200 型灰浆搅拌机的传动系统。主轴 10 上用螺栓固定着叶片并以 30 r/min 的转速旋转，转速不能过高，否则灰浆会被甩出筒外。由相关试验得出，叶片对主轴的夹角为 40° 时，不仅搅拌效果好，而且节省动力。两组叶片对称安装，搅拌时使搅合料既产生圆周向运动又能产生轴向运动，使之既搅拌又互相掺和，从而获得良好的搅和效果。卸料时，转动摇把 9，通过小齿轮带动固定在筒体上的扇形齿圈，使搅筒以主轴为中心进行倾翻，此时叶片仍继续转动，协助将灰浆卸出。这种搅拌机经常产生的问题是轴端密封不严，造成卸浆，流入轴承座而卡塞轴承，烧毁电动机。因此，使用时应多加注意。

（三）立轴式灰浆搅拌机

立轴式灰浆搅拌机是一种较为特殊的砂浆机，与强制式搅拌机相似，如图 6-16 所示。电动机经行星摆线针轮减速器直接驱动安装在筒体上方的梁架上的搅拌轴，这种搅拌机具有结构紧凑、操作方便、搅拌均匀、密封性好、噪声小等特点，适用于实验室和小型抹灰工程。由于搅拌轴在筒内是垂直悬挂安装，因此，消除了筒底漏浆现象。

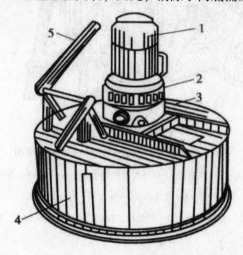

图 6-16　立轴搅拌机简图
1—电动机；2—行星轮减速器；3—搅拌筒；
4—出料活门；5—活门启动手柄

二、灰浆泵

灰浆泵主要用于输送、喷涂和灌注灰浆等工作，兼具垂直及水平运输的功能。若与喷射装置配合使用，能进行墙面及屋顶面的喷涂抹灰作业。目前灰浆泵有两种形式：一种是活塞式灰浆泵，另一种是挤压式灰浆泵。

活塞式灰浆泵按活塞与灰浆作用情况不同，分为直接作用式活塞灰浆泵、片状隔膜式灰浆泵、圆柱形隔膜式灰浆泵及灰气联合式灰浆泵等。

（一）直接作用式（柱塞式）灰浆泵

直接作用式灰浆泵是利用活塞与灰浆作用活塞的往复运动，将进入泵缸中的砂浆直接压送进去，并经管道输送到使用地点的一种泵。直接作用式灰浆泵的活塞与灰浆直接接触，活塞容易磨损，缸内的密封盘也容易损坏，易造成漏浆故障，降低工效。但因其结构简单，制造与维修容易，故仍在使用。

直接作用式灰浆泵的作业原理如图6-17所示。作业时，电动机1通过三角带传动机构2、圆柱齿轮减速机构3使曲轴4旋转带动柱塞6作往复直线运动。当柱塞作压入冲程时，将排除阀11挤开，泵室7内的灰浆被压入空气室14；与此同时，由于泵室内压力增大而将吸入阀9关闭；当柱塞作吸入冲程时，泵室呈真空状态。此时，空气室的压力大于泵室的压力，排出阀11关闭，吸入阀9开启，灰浆被吸入泵室内。这样，柱塞每作一次往复运动，都将一部分灰浆泵压入空气室14内，进入空气室里的灰浆越来越多，空气室里的灰浆体积增大，空气的体积被压缩，空气的压力便逐渐增大，在压力表15上的指针显示出压力大小的数值。由于压力增大，灰浆受到空气压力的作用，从输浆管道13泵压出去。阀罩10式限制排出阀球11与吸入阀球9的行程位置的零件，当灰浆从阀口流过时，限位阀使阀球留在阀口的附近位置，以免阀球随灰浆溜走，当灰浆的压力增大时又能立即封住阀口。

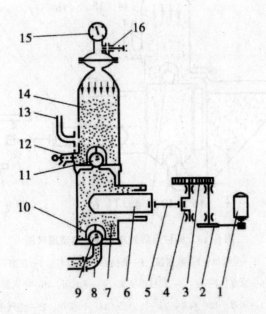

图6-17 直接作用式灰浆泵工作原理图

1—电动机；2—带轮；3—减速器；4—曲轴；5—连杆；6—柱塞；
7—泵室；8—进浆弯管；9—吸入阀；10—阀罩；11—排出阀；12—回浆阀；
13—输浆管道；14—空气室；15—压力表；16—安全装置

（二）圆柱形隔膜式灰浆泵

如图 6-18 所示为圆柱形隔膜灰浆泵的构造原理图。这种灰浆泵与片式隔膜泵的区别是：圆柱形隔膜 8 浸在泵室 6 内，并被水所包围，当柱塞 5 作压入冲程时，圆柱形隔膜 8 向内收缩挤压灰浆，灰浆通过排出阀 9 进入空气室 15 内；当柱塞作吸入冲程时，泵室 6 产生真空，排出阀 9 关闭，圆柱隔膜恢复原位，灰浆从下面的吸入阀 10 进入圆柱形隔膜内，补充泵出的灰浆体积。

（三）片状隔膜式灰浆泵

片状隔膜灰浆泵的机构原理如图 6-19 所示。电动机 1 经减速齿轮组 2 带动曲柄连杆机构 3、4 使柱塞 5 作往复直线运动。当柱塞作压入冲程时，水受到压缩，水的压力均匀地作用在橡皮隔膜 7 上，使隔膜凸向灰浆室 11，灰浆受到压缩经排出阀 16 进入空气室 14，并经输浆管 17 输送出去。当柱塞作吸入冲程时，泵室 6 产生真空，隔膜回到原位置，此时，排出阀 16 关闭，吸入阀 9 开放，灰浆便从料斗 12 经弯头 10 进入灰浆室 11。

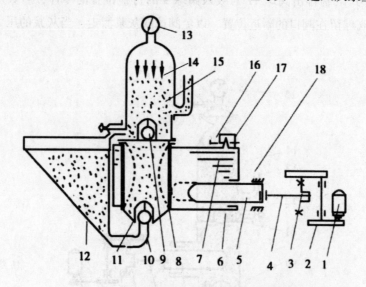

图 6-18　圆柱形隔膜灰浆泵的构造原理图

1—电动机；2—减速器；3—曲柄轴；4—连杆；5—柱塞；

6—泵室；7—水；8—圆柱形隔膜；9—排出阀；10—吸入阀；

11—阀罩；12—料斗；13—压力表；14—回浆阀；15—空气室；

16—安全阀；17—盛水斗；18—支承轴座

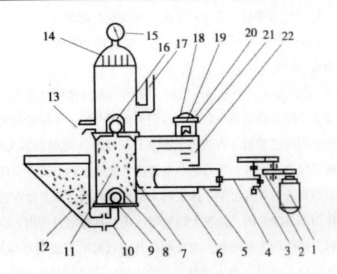

图6-19 片状隔膜灰浆泵的机构原理

1—电动机；2—减速器；3—曲柄轴；4—连杆；5—柱塞；

6—泵室；7—橡皮膈膜；8—片状隔膜；9—吸入阀；10—进料弯管；

11—灰浆室；12—灰浆料斗；13—回浆泵；14—空气室；

15—压力表；16—排出阀；17—输浆管；18—盛水漏斗；

19—溢水口；20—安全阀；21—球阀；22—水

片状隔膜泵是以水为介质进行灰浆泵送的。如果泵室内有部分空气存在，由于空气可以压缩，当柱塞进入压缩冲程时，泵室内的空气体积受压力缩小，会减小隔膜的变形程度，使灰浆的泵出量减少，影响产生效率。因此，在泵室内的空气越多，泵出的灰浆就越少。因此，在工作之前，应将泵室灌满水，排除泵室内的空气。

片状隔膜泵的安全阀装在泵室6的上部，该安全阀是用水的压力来控制灰浆的压力的，当遇到喷涂灰浆工作短暂停止或因为输浆管道发生堵塞时，空气室的压力逐渐增高，泵室的泵浆压力只有超过空气室的压力，才能将灰浆泵送进去。当空气室的压力达到泵规定压力时，柱塞再作压入冲程时，水压超过了安全阀弹簧20的压力，球阀21开放，泵室内的水从溢出口19流出，水压降低，灰浆不再进空气室内，空气室的压力也不再增高从而保证机件不受损伤。如果短时间内暂停喷涂，可将回浆阀13打开，灰浆泵照常运转，使灰浆从料槽经灰浆室进入空气室，再从回浆阀13流入灰浆料斗12内，使灰浆进行循环流动，而不至于沉淀，以免再次使用时造成灰浆泵或输浆胶管内堵塞。

（四）灰气联合泵

灰气联合泵由一套传动装置和两套工作装置（出灰部分和压气部分）组成，并安装在由无缝钢管焊接成的储气罐机架上。其特点是既能输送灰浆又能产生压缩空气，比一般使用的抹灰机省掉一台空气压缩机，且出灰率高，灰气配合均匀。

灰气联合泵的基本机构如图6-20所示。它主要由传动装置、双功能泵机、缸机构及阀门启闭机构等组成。

灰气联合泵的工作原理是：当曲轴旋转时，泵体内的活塞作往复运动，小端用于压送灰浆，大端可以压缩空气。曲轴另一端的大齿轮外侧有凸轮，小滚轮在特制的凸轮滚道内运动，通过阀门连杆启闭进浆阀。当活塞小端离开灰浆时（此时活塞大端压气），连杆开启进浆阀，灰浆即可以进入缸内。当活塞小端移进入灰浆缸内时连杆关闭进浆阀，而排浆阀则被顶开，灰浆即排入输送管道中。排浆阀为锥形单向阀，灰浆缸在进浆过程中，该阀在输送管的灰浆作用下自动关闭。活塞大端装有皮碗，具有密封作用。空气缸的缸盖上装有进气阀、排气阀，两阀均为单向阀。当大端离开空气缸时（此时小端压送灰浆），进气阀将开启，空气可以吸入缸内，当大端移近空气缸时，进气阀即关闭，使缸内空气被压缩，在气压达到一定程度时，排气阀可被挤开，使压缩后的空气进入储气罐。

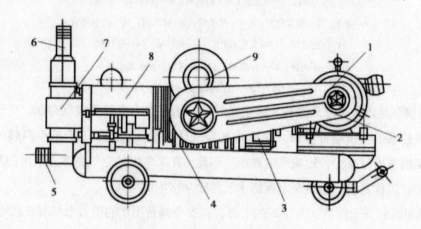

图6-20　灰气联合泵的基本机构

1—电动机；2—传动装置；3—空气缸；4—曲轴；5—出浆口；

6—进浆口；7—灰浆缸；8—泵体；9—阀门

（五）挤压式灰浆泵

挤压式灰浆泵由泵壳、耐磨橡胶管、滚轮架、挤压滚轮、调整轮、进料及出料输送胶管、料斗以及电器控制系统控制等构成。其挤压原理如图6-21所示。作业时，电动机1经齿轮带传动机构2、4、5变速器带动蜗轮蜗杆传动机构7，9，再经链轮链条传动机构10带动滚轮托座14旋转。滚轮托座由两边等边三角形的钢板制成，在其3个角的端部装有3个挤压滚轮15，这3个挤压滚轮反复对橡胶泵吸管11像挤牙膏似的旋转挤压，将灰浆挤出。灰浆每次被挤出后，泵吸管内便形成了真空。这时，灰浆从料斗12内被吸入泵吸管内，然后被第二个滚轮 15 再次挤压。这样灰浆就从输浆管 13 不断地排出，输送到喷枪处。

挤压式灰浆泵的输送距离，垂直可达 45 m，水平可达 120 m。自重不超过 300 kg，其功率消耗及自重都远比柱塞式灰浆泵低。

挤压式灰浆泵不受砂浆黏度、沙子粒径的影响，不容易堵塞，各种灰浆均可喷涂且涂层较薄，特别适用于喷涂面层及外饰面，而且泵体较小，自重轻，便于移动。

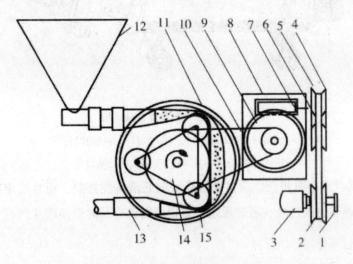

图 6-21 挤压式灰浆泵结构简图

1—电动机；2，4—变速器；3—调速手轮；5—无级变速带轮；
6—调速弹簧；7—蜗杆；8—变速箱；9—蜗轮；10—链条；11—橡胶泵管；
12—料斗；13—输浆管道；14—滚轮托座；15—挤压滚轮

三、粉碎淋灰机

粉碎淋灰机是淋制抹灰、粉刷及砌筑砂浆用石灰膏的机具。工作时，主轴旋转带动甩锤，对加入筒体中的生石灰块进行锤击，被粉碎的石灰与淋水管注入的水发生化学反应生成石灰浆，石灰浆经底筛过滤后由出料斗流入石灰池中，石灰熟化的基本反应也完成。在池中，经过一定时间的反应与沉淀后，可形成质地细腻、松软洁白的石灰膏，作为砂浆的配合料和墙体粉饰用料。

四、纤维—白灰混合磨碎机

纤维—白灰混合磨碎机是将各种纤维（麻刀、岩棉、矿棉、玻璃丝、草纸等）与石灰膏均匀拌和，并加速生石灰熟化的一种灰浆机械。这种混合磨碎机由搅拌机（起粗拌作用）和小钢磨（起细磨作用）两部分组成，如图 6-22 所示。

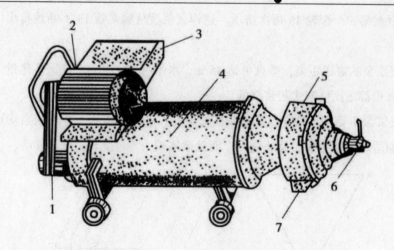

图 6-22 纤维—白灰混合磨碎机

1—动力输入轴；2—电动机；3—进料口；4—搅拌筒；

5—粉磨装置；6—粉磨调节手柄；7—出料口

纤维—白灰混合磨碎机每天作业完毕都必须彻底清洗搅拌筒，而且要定期检查钢磨磨片的磨损情况。若磨损量过大、超过规定的磨损值时，应及时更换磨片。

五、喷浆机

喷浆机可用于对建筑内、外墙面及天棚喷涂石灰浆、大白粉浆、水泥浆、色浆、塑料浆等。喷浆机可分为手动往复式喷浆机和电动式喷浆机两种。

（一）手动喷浆机

手动喷浆机体积小，可以一人搬移位置。使用时，一人反复推压摇杆，一人手持喷杆来喷浆，因不需动力装置，具有较大的机动性。

当推拉摇杆时，连杆推动框架使左右两个柱塞交替在各自的泵缸中往复运动，连续将料筒中的浆液逐次吸入左右泵缸和逐次压入稳压罐中。稳压罐使浆液获得 8~12 个大气压（1 MPa 左右）的压力。在压力的作用下，浆液从出浆口经输浆口经输浆管和喷雾头呈散状喷出。

手动喷浆机正常工作时垂直喷射高度为 2~4 m，水平喷射距离为 3.7~7.7 m，最大工作压力为 1.8 MPa。

（二）电动喷浆机

电动喷浆机如图 6-23 所示。喷浆原理与手动喷浆机原理相同，不同的是柱塞往复运动由电动机经蜗轮减速器和曲柄连杆机构（或偏心轮连杆）来驱动。这种喷浆机有自动停机电气控制装置，在压力表内安装电接点。当泵内压力超过最大工作压力（通常为 1.5～1.8 MPa）时，表内的停机接点啮合，控制线路使电动机停止。压力恢复常压后，表内的启动接点接合，电动机又恢复运转。

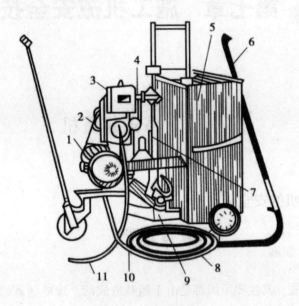

图 6-23 电动喷浆机

1—电动机；2—带传动；3—开关控制器；4—偏心轮；5—料筒；
6—喷杆；7—摇杆；8—连接软管；9—压力泵；10—稳压罐；11—电缆线

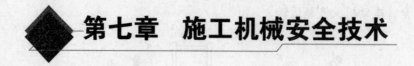

第七章　施工机械安全技术

第一节　塔式起重机

一、塔式起重机的安全装置

（一）力矩限制器

分析许多倒塔事故，其主要原因都是由于超载造成的。形成超载的原因：一是重物的重力超过了规定；二是重物的水平距离超过了作业半径。安装力矩限制器后，当发生超重或作业半径过大而导致力矩超过塔式起重机的技术性能时，即自动切断起升或变幅动力源，并发出报警信号，防止发生事故。

力矩限制器有三种，即电子型、机械型与复合式。多数采用机械电子连锁式结构。

（二）超载限制器

超载限制器，又称起升荷载限制器。按照规定：有的塔式起重机机型同时装有超载限制器，当荷载达到额定起重量的90%时，发出报警信号；当起重量超过额定起重量时，应切断上升的电源，机构可做下降运动。进行安全检查时，应同时进行试验确认。

（三）限位器

1. 超高限位器

也称上升限位置限制器，即当塔式起重机吊钩上升到极限位置时，自动切断起升机构的上升电源，机构可作下降运动。安全检查时，应做动作试验验证。

2. 变幅限位器

包括小车变幅和动臂变幅。安全检查时，应做动作试验验证。现场动作验证时，应由有经验的人员监护指挥，防止发生事故。

塔式起重机采用水平臂架竖起，吊重悬挂在起重小车上，靠小车在臂架上水平移动实现变幅。小车变幅限位器是利用安装在起重臂头部和根部的两个行程开关及缓冲装置对小车运行位置进行限定的。

塔式起重机变换作业半径（幅度），是依靠改变起重臂的仰角来实现的。通过装置触点的变化，将灯光信号传递到司机室的指示盘上，并指示仰角度数；当控制起重臂的仰角分别到了上、下限位时，则分别压下线位开关，切断电源，防止超过仰角造成塔式起重机倾覆。

（四）行走限位器

行走限位器是行走式塔机轨道两端（距轨道两端钢轨不小于 1 m 处）所设的止挡缓冲装置，当安装在台车架上或底架上的行车开关碰到轨道两端的止挡块时，切断电源，防止塔机出轨造成事故。安全检查时，应进行塔式起重机行走动作试验，验证限位器的可靠性。

（五）吊钩保险装置

吊钩保险装置主要是防止塔式起重机工作时重物下降被阻碍，但吊钩仍继续下降而造成的索具脱钩事故。此装置是在吊钩开口处装设一弹簧压盖，压盖不能上开启只能向下压开，防止索具在开口处脱出。

（六）卷筒保险装置

卷筒保险装置主要防止传动机构发生故障时，造成钢丝绳不能在卷筒上顺排，以致越过卷筒端部凸缘，发生咬绳等事故。

（七）夹轨钳

轨道式起重机露天使用时，应安装防风夹轨钳。

（八）回转限制器和风速仪

（1）回转限制器是安装在起重机上限制回转角度的装置。（2）风速仪是安装在起重机上自动记录风速的装置，当风速超过六级以上时自动报警。

二、塔式起重机安装与拆除

特种设备（塔式起重机、井架、龙门架、施工电梯等）的安装与拆除必须编制具有针对性的施工方案，内容包括工程概况、施工现场情况、安装前的准备工作及注意事项、安装与拆卸的具体顺序和方法、安装和指挥人员组织情况、安全技术要求及安全措施等。

装拆塔式起重机的企业，必须具备装拆作业的资质，作业人员必须经过专门培训并取得上岗证。

安装调试完毕，必须进行自检、试车及验收，按照检验项目和要求注明检验结果。检验项目包括特种设备主体结构组合、安全装置的检测、起重钢丝绳与卷筒、吊物平台篮或吊钩、制动器、减速器、电气线路、配重块、空载试验、额定载荷试验、110%的荷载试验、经调试后各部位运转情况和检验结果等。塔式起重机验收合格后，才能交付使用。

使用前，必须制定特种设备管理制度，包括设备经理的岗位职责、起重机管理员的岗位职责、起重机安全管理制度、起重机驾驶员岗位职责、起重机械安全操作规程、起重机械的事故应急措施及救援预案、起重机械安装与拆除安全操作规程等。

（一）塔式起重机的基础

固定式塔式起重机的基础是保证塔机安全的必要条件，它承载塔机的自重荷载、运行荷载及风荷载。基础设计及施工时要考虑两点：一是基础所在地基的承载力能否达到设计要求，是否需要进行地基处理；二是基础的自重、配筋、混凝土强度等级等是否满足相应型号塔机的技术指标。

塔式起重机的基础有钢筋混凝土基础和锚桩基础两种。前者主要用于地基为砂石、黏性土和人工填土的地基条件；后者主要用于岩石地基条件。基础的形式和大小应根据施工现场土质差异而定。基础分为整体式和分块式（锚桩）两种，仅在坚岩石地基条件下才允许使用分块地基，土质地基必须采用整体式基础。基础的表面平整度应小于1/750。混凝土基础整体浇筑前，要先把塔式起重机的底盘安装在基础表面，即基础钢筋网片绑扎完成后，在网片上找好基础中心线，按基础节的要求位置摆放底盘并预埋 M36 地脚螺栓，螺栓强度等级为 8.8 级，其预紧力矩必须达到 1.8 kN·m。预埋螺栓固定后，丝头部分用软塑料包扎，以免浇混凝土时被污染。浇筑混凝土时，随时检查地脚螺栓位置情况（由于地脚螺栓为特殊材料，禁止用焊接方法固定），螺栓底部圆环内穿 Φ22 长 1 000 mm 的圆钢加强。底盘上表面水平度误差不大于 1 mm，同时，设置可靠的接地装置，接地电阻不大于 4 Ω。

（二）塔式起重机安装前的准备工作

（1）成立由指挥人、起重工、安装工、电工、司机等人员组成的作业小组，小组成员必须经过专业培训，取得上岗操作证。组织指挥安装人员熟悉被安装塔式起重机的资料，了解塔机的安装顺序和特殊要求，并进行技术交底。（2）了解现场布局，清理周围障碍物，确定和画出作业区，并与外界有明显的安装隔离，保证安装期间正常作业。（3）根据现场条件选择一台相应的辅助起重机械，并与起重机械司机进行交底，说明安装方法和顺序。（4）供电状况应良好，保证足够的供电容量。

（三）塔式起重机安装注意事项

（1）了解塔式起重机的供电形式是三相五线还是三相四线，摇测接地电阻是否符合要求。（2）塔机回转半径以外 $6 \sim 10 \ m$ 内不得有高低压线路（低压 $6 \ m$，高压 $10 \ m$）。（3）安装时，部件接通电源前或安装完毕整机各部位接通电源前，应摇测各部位对地的绝缘电阻。电动机绝缘电阻不应低于 $0.5 \ M\Omega$，导线之间、导线与地之间的绝缘电阻不小于 $1 \ M\Omega$。（4）起吊部件时，主要吊点的选择：根据吊装部件的长短，选用长度适当、质量可靠的吊具，根据起重臂长度，正确确定配重数量。安装起重臂前，根据不同型号塔机的要求，先在平衡臂上安装一块或两块（型号不同、数量不同）平衡配重块，但严禁超过此数量。（5）标准节的安装不得任意交换方位。（6）刮风、下雨、风速超过 $13 \ m/s$ 时，严禁加节；加（减）标准节时必须进行上部配重平衡。（7）顶升过程中，严禁旋转起重臂、开动小车或吊钩上下运动。（8）塔式起重机顶升套架的升降应平稳、安全可靠，导轮与导轨的径向间隙为 $2 \sim 5 \ mm$。（9）标准节连接须采用高强度螺栓和螺母，其强度等级为10.9级，且采用厚度相同的双螺母紧固或防松。扭紧螺栓时，应在螺栓的螺纹及螺母端面涂润滑油，并用专门扳手对称、均匀、多次拧紧，最后一遍拧紧时，各个螺栓上的预紧扭矩应大致均匀，螺栓上达到的预紧扭矩为 $2 \ 000 \ N \cdot m$。（10）标准节梯子的第一个休息平台应设在不超过 $10 \ m$ 的高度处，以后每隔 $6 \sim 8 \ m$ 设置一个。

（四）塔式起重机的安装

（1）顶升套架总成及爬升平台安装，塔式起重机出厂时，顶升套架已组成一个群体，其中，含套架、两个标准节、底座节、前后顶升滚轮、顶升油缸、横梁等部件。安装时，首先将套架总成吊至底盘上（应注意标准节的引进方向），用 16 套 M30×130 螺栓把套架内底座节与底盘连接好；然后装上爬升平台；最后，将液压站吊至爬升平台的油缸侧。（2）回转支座总成安装，回转机构、下支座和上支座等出厂时已组成一个总成。安装时，将回转过渡节总成吊至顶升套架的特殊节上，用8套M33×315高强度螺栓连接好。（3）塔帽总成安装，将塔帽总成吊至回转上支座上，用4个Φ55×150销轴把塔帽与回转上支座相连接，穿上开口销。吊装前，应将平衡臂的两根拉杆装在塔帽上。（4）安装平衡臂，将起升机构装在平衡臂上，把平衡臂的拉杆固定在平衡臂上。（5）吊索挂在平衡臂吊耳处，试吊平稳后，将平衡臂吊至回转上支座平衡臂侧斜槽孔处挂好，卡好止动器，插好销轴，紧固好螺母；将平衡臂拉杆与塔帽连接好，穿上弹簧销。（6）根据起重机型号装上平衡配重块，组装起重臂，安装小车，安装起重臂拉杆。（7）起重臂吊索拴平衡后，将起重臂吊至回转上支座起重臂侧斜槽孔处挂好，卡好止动器，插好销轴，紧固好螺母。（8）穿好钢丝绳，从尾端开始放剩余的平衡配重块。（9）电器接线安装，起重机组装完毕，试运转正常后，顶升标准节。（10）完成塔机所有附件的安装调整各保护装置，达到正确、灵敏、可靠。（11）附着装置安装要求，塔式起重机的安装方案应根据不同厂家的起重机附着装置设置原则进行编制。一般情况下，附着装置的设计，适用于整体现浇混凝土框架-剪力墙结构的建筑物，若建筑物为砖混结构则应特殊设计。附着装置由4根水平布置的撑杆和1副套在标准节上的主弦杆的附着架组成。4根撑杆应布置在同一水平面内，撑杆与建筑物的连接方式可根据实际情况确定，连接处的预埋铁件必须经过计算确定其钢板厚度、锚固钢筋直径、锚固长度和安装部位。安装附着装置的套数按不同厂家要求由起升高度确定。每道附着装置安装后，塔身悬高按不同厂家的要求允许值确定。在实际施工中，根据工期要求，可降低第一道安装高度，也可在厂家要求的两道中间再增加一道，作临时替代使用。例如，某建筑物按厂家要求应该在第8层安装一道附着装置，但起到第6层或第7层时，由于钢筋或脚手架升高等原因，使得塔式起重机的旋转和变幅的正常运转受到影响，此时就应临时加附着装置；待施工超过第8层时，按规定安装一道附着装置，然后将临时安装的附着装置移至下一个安装部位。

（五）塔式起重机使用安全管理

（1）塔式起重机司机属特种作业人员，必须经过专门培训，取得操作证。司机学习的塔形应与实际操纵的塔形一致。严禁未取得操作证的人员操作起重机。（2）指挥人员必须经过专门培训，取得指挥证。严禁无证人员指挥。（3）高塔作业应结合现场实际改用旗语或对讲机进行指挥。（4）起重机电缆不允许拖地行走，应装设具有张紧装置的电缆卷筒，并设置灵敏、可靠的卷线器。（5）旋转臂架式起重机的任何部位及被吊物边缘与10 kV以下架空线路边线的最小水平距离不得小于2 m；塔式起重机活动范围应避开高压供电线路，相距应不小于6 m。当起重机与架空线路之间小于安全距离时，必须采取防护措施，并悬挂醒目的警告标志牌。夜间施工时，应装设36 V彩色灯泡（或红色灯泡）警示；当起重机作业半径在架空线路上方经过时，线路的上方也应有防护措施。(6) 起重机轨道应进行接地、接零保护。起重机的重复接地应在轨道的两端各设一组，对较长的轨道，每隔 30 m 再加一组接地装置。同时，两条轨道之间须用钢筋或扁铁等做环形电气连接，轨道的接头处须用导线跨接形成电气连接。起重机的保护接零和接地线必须分开。(7) 两台或两台以上起重机靠近作业时，应保证两机之间的最小防碰安全距离：①移动塔式起重机任何部位（包括起吊的重物）之间的距离不得小于 5 m。②两台水平臂架起重机臂架之间的高差应不小于 6 m。③任何情况下，处于高位的起重机（吊钩升至最高点）与处于低位的起重机之间，其垂直方向的间距不得小于 2 m。(8) 因施工场地作业条件的限制，不能满足起重机作业安全管理的要求时，应同时采取以下两种措施：①组织措施对塔式起重机作业及行走路线进行规定，由专设的监护人员进行监督执行。②技术措施采取设置限位装置、缩短臂杆、升高（下降）塔身等措施，防止误操作塔式起重机而造成的超越规定的范围，发生碰撞事故。(9) 起重机的塔身不得悬挂标语牌。(10) 塔式起重机司机必须严格执行操作规程，上班前例行保养、检查，一旦发现安全装置不灵敏或失效的情况，必须进行整改，符合安全使用要求后方可作业。

（六）塔式起重机的拆除

(1) 拆除起重机时需要一台辅助吊车，拆除作业由专业人员进行。(2) 拆塔作业应严格遵守安全规则，按照拆除顺序进行，防止事故发生。(3) 拆卸起重机的某些构件（起重臂、平衡臂）时，应特别注意避免塔机的剩余部分失去平衡，造成倾倒事故。(4) 应将起重臂转至套架开口一侧，并保证周围无影响拆塔操作的障碍；拆塔时，风速不能大于 13 m/s。(5) 塔身降落应遵守升塔时的操作规程，与升塔不同的是顶升油缸和收缩油缸、拆卸标准节螺栓等。(6) 将平衡配重部分拆卸，要暂时保留两块平衡配重。(7) 拆除钢丝绳时，首先将吊钩降至地面，取下起重臂尖的起升钢丝绳绳夹，将起升钢丝绳绕在卷筒上；然后，将起重小车开至原安装平衡起重臂的位置加以固定，松开变幅钢丝绳与小车的连接，并将变幅钢丝绳缠绕在变幅卷筒上；最后，拆除变幅机构电缆和其他电缆。拆绳时，应对钢丝绳全长进行认真检查。(8) 拆除起重臂时，根据安装起重臂时的吊装点，用辅助吊车将起重臂吊起并上翘，随之拆卸起重臂拉杆。拉杆拆除后，将起重臂下放至水平位置，拆除起重臂与回转上支座的连接销轴和卡板，然后吊至地面。(9) 拆卸平衡臂时，先拆除余下的两块平衡配重，拆除电气柜与驾驶室连接的电缆，绕好钢丝绳，将平衡臂吊起（吊装点与安装时相同）上翘，拆除平衡拉杆，然后将平衡臂放水平，拆除平衡臂与回转上支座的连接销轴和卡板，将平衡臂吊至地面。(10) 依次拆除驾驶室、塔帽、回转支座总成、顶升套架总成、液压管路、顶升平台及栏杆，拆除底座节与底盘连接螺栓后将套架吊离底盘，拆除地脚螺栓后将底盘吊离基础。

第二节　物料提升机

一、龙门架、井架安全管理

（1）使用由专业单位生产的龙门架、井架时，产品必须通过有关部门组织鉴定，产品的合格证、使用说明书、产品铭牌等必须齐全。产品铭牌必须注明产品型号、规格、额定起重量、最大提升高度、出厂编号、制造单位等，产品铭牌必须悬挂于架体醒目处。专业单位生产的无产品合格证、使用说明书、产品铭牌的龙门架、井架，不得向施工现场销售。（2）自制、改制的龙门架、井架：有设计计算书、制作图纸，并经企业技术负责人审核批准，同时必须编制使用说明书。（3）施工现场的龙门架、井架使用说明书：明确龙门架、井架的安装和拆卸工作程序及井架基础、附墙架、缆风绳的设计、设置等具体要求。（4）安装、拆卸龙门架、井架前，安装、拆卸单位必须依照产品使用说明书编制专项安装或拆卸施工方案，明确相应的安全技术措施，以指导施工。专项安装或拆卸施工技术方案必须经企业技术负责人审核批准。（5）龙门架、井架采用租赁形式或由专业施工单位进行安装、拆卸时，其专项安装或拆卸施工方案及相应计算资料须经发包单位技术复审。（6）使用单位应根据井架的类型，建立相关的管理制度、操作规程、检查维修制度，并将井架管理纳入企业的设备管理，不得对卷扬机和架体分开管理。

二、龙门架、井架安装与拆除管理

（1）安装或拆卸龙门架、井架前，专项安装或拆卸施工方案的编制人员必须参加对装拆人员的安全技术交底，并履行签字手续；装拆人员必须持证上岗（持"提升井架搭拆"操作证）。（2）必须严格按照专项安装或拆卸施工技术方案进行龙门架、井架的安装或拆卸。在安装、拆卸时，必须严格执行下列技术措施：①安装架体时，应将基础地梁（或基础杆件）与基础（或预埋件）连接牢固；每安装两个标准节（一般不大于 8 m），应采取临时支撑或临时缆风绳固定。②拆除缆风绳或附墙架前，应先设置临时缆风绳或支撑，确保龙门架架体的自由高度不大于两个标准节。③龙门架、井架高度在 20 m（含 20 m）以下时，缆风绳不少于 1 组（4~8 根）；高度在 20~30 m 时，缆风绳不少于 2 组（高架井架必须按要求设置附墙架，间距不大于 9 m）。④缆风绳应在架体四角有横向缀件的同一水平面上对称设置，缆风绳与地面的夹角不应大于 60°，其下端应与地锚可靠连接。⑤缆风绳应选用直径不小于 9.3 mm 的圆股钢丝绳。（3）安装或拆卸龙门架、井架的过程中，必须指定监护人员进行监护，发现违反工作程序、专项施工方案要求的应立即指出、予以整改，并做好监护记录、留档存查。（4）采用租赁形式或由专项施工单位进行龙门架、井架的安装、拆卸时，总包单位对其安装、拆卸过程负有督促落实各项安全技术措施的义务。

三、龙门架、井架安装验收管理

（1）井架的安装验收采取分段验收的方式，必须符合专项安装施工方案的要求。（2）基础验收的内容包括：①高架井架的基础应符合设计和产品使用的规定；②低架井架基础必须达到下列要求：土层压实后的承载力不小于 80 kPa。混凝土强度等级不小于 C20，厚度不小于 300 mm。浇筑后基础表面应平整，水平度偏差不大于 10 mm，基础地梁（或基础杆件）与基础（及预埋件）安装连接牢固。（3）龙门架、井架的安装验收范围。龙门架、井架专项安装验收范围包括结构连接、垂直度、附着装置及缆风绳、机构、安全装置、吊篮、层楼通道、防护门、电气控制系统等。井架安装后需要升节时，每次升节后必须重新支座验收。（4）龙门架、井架专项安装施工方案的编制人员必须参与各阶段的验收，确认符合要求并签署意见后，方可进入后续的安装、使用。（5）检查验收中发现龙门架、井架不符合设计和规范规定的，必须落实整改。检查验收的结果及整改情况应按时记录，并由参加验收人员签名后留档保存。（6）龙门架、井架的基础及预埋件的验收，应按隐蔽工程验收程序进行，基础的混凝土应有强度试验报告，并将这些资料存入安保体系管理资料中；井架的其他验收，按照"施工现场安全生产保证体系"对龙门架与龙门架搭设的验收内容进行验收及扩项验收。（7）采用租赁形式或由专业施工单位进行龙门架、井架的安装时，安装单位除必须履行上述分段安装验收手续外，使用前必须办理验收和移交手续，由安装单位和使用单位双方签字认可。（8）龙门架、井架验收合格后，应在架体醒目处悬挂验收合格牌、限载牌和安全操作规程。

四、龙门架、井架安拆安全技术

第一，安装与拆除作业前，应熟悉龙门架的结构设计情况，根据现场工作条件和设备安装高度编制作业方案。对作业人员进行分工与交底，确定指挥人员，划定安全警戒区域并设监护人员，排除作业障碍等。

第二，安装作业前检查的内容包括：

（1）金属结构的成套性和完好性是否与设计相符合；（2）提升机构是否完整、良好；（3）电气设备是否齐全、可靠；（4）基础位置和做法是否符合设计要求；（5）地锚的位置、附墙架连接埋件的位置是否正确，埋设是否牢靠；（6）提升机的架体和缆风绳的位置是否靠近或跨越架空输电线路；必须靠近时，应保证最小安全距离，并应采取安全防护措施。

第三，安装精度应符合以下规定：

（1）新制作的提升机，其架体安装的垂直偏差最大不应超过架体高度的1.5‰；多次使用过的提升机，在重新安装时，其偏差不应超过3‰，并不得超过200 mm，（2）井架截面内，两对角线长度公差不得超过最大边长名义尺寸的3‰；（3）导轨接点截面错位不大于1.5 mm；（4）吊篮导靴的安装间隙应控制为5~10 mm。

第四，拆除作业前检查的内容包括：

（1）查看提升机与建筑物及脚手架的连接情况；（2）查看提升机架体有无其他牵拉物；（3）临时附墙架、缆风绳及地锚的设置情况；（4）地梁和基础的连接情况。

第五，架体的安装与拆除技术。

（1）安装架体时，应先将地梁与基础连接牢固。每安装2个标准节（一般不大于8 m），应采取临时支撑或临时缆风绳固定，并进行初校正，在确认稳定时，方可继续作业。（2）安装龙门架时，两边立柱应交替进行，每安装2节，除将单肢柱进行临时固定外，尚应将两立柱横向连接成一体。（3）利用建筑物内井道做架体时，各楼层进料口处的停靠门必须与司机操作处装设的层站标志灯进行联锁。阴暗处应安装照明设施。（4）架体各节点的螺栓必须紧固，螺栓应符合孔径要求，严禁扩孔和开孔，更不得漏装或以钢丝代替。（5）在拆除缆风绳或附墙架前，应先设置临时缆风绳或支撑，确保架体的自由高度不大于2个标准节（一般不大于8 m）。（6）拆除龙门架的天梁前应先分别对两立柱采取稳固措施，保证单柱的稳定。（7）拆除作业中，严禁从高处向下抛掷物件。（8）拆除作业宜在白天进行。夜间作业应有良好的照明。因故中断作业时，应采取临时稳固措施。

第六，卷扬机安装。

（1）卷扬机应安装在平整、坚实的位置上，宜远离危险作业区，视线应良好。因施工条件限制，卷扬机安装位置距施工作业区较近时，其操作棚的顶部应按防护棚的要求架设。（2）固定卷扬机的锚杆应牢固、可靠，不得以树木、电杆代替锚桩。（3）当钢丝绳在卷筒中间位置时，架体底部的导向滑轮应与卷筒轴心垂直，否则应设置辅助导向滑轮，并用地锚、钢丝绳拴牢。（4）钢丝绳提升运动中应架起，使之不拖于地面和被水浸泡。钢丝绳必须穿越主要干道时，应挖沟槽并加保护措施，严禁在钢丝绳穿行的区域内堆放物料。

第七，安全检查提升机安装后，应由主管部门组织，设计规定进行检查验收，确认合格并发给使用证后，方可交付使用。

使用前的检查内容包括：

（1）金属结构有无开焊和明显变形；（2）架体各节点连接螺栓是否紧固；（3）附墙架、缆风绳、地锚位置和安装情况；（4）架体的安装精度是否符合要求；（5）安全防护装置是否符合要求；（6）卷扬机的位置是否合理；（7）电气设备及操作系统的可靠性；（8）信号及通信装置的使用效果是否良好、清晰；（9）钢丝绳、滑轮组的固接情况；（10）提升机与输电线路的安全距离及防护情况。

提升机安装后的定期检查应每月进行一次，由相关部门的人员参加，其检查内容包括：

（1）金属结构有无开焊、腐蚀、永久变形；（2）扣件、螺栓连接的紧固情况；（3）提升机构磨损情况及钢丝绳的完好性；（4）安全防护装置有无缺少、失灵和损坏；（5）缆风绳、地锚、附墙架等有无松动；（6）电气设备的接地或接零情况；（7）断绳保护装置的灵敏度试验。

提升机的日常检查由作业司机在班前进行，在确认提升机正常时，方可投入作业。其检查内容包括：

（1）地锚与缆风绳的连接有无松动；（2）空载提升吊篮做一次上、下运行，验证是否正常，并同时碰撞限位器和观察安全门是否灵敏、完好；（3）在额定荷载下，将吊篮提升至离地面 1~2 m 高度停机，检查制动器的可靠性和架体的稳定性；（4）安全停靠装置和断绳保护装置的可靠性；（5）作业司机的视线或通信装置的使用效果是否清晰、良好。

第三节 施工电梯

一、安全装置

（一）制动器

施工电梯在施工中经常载人上、下，其运行的可靠性直接关系着施工人员的生命安全。制动器是保证电梯运行安全的主要安全装置，由于电梯启动、停止频繁及作业条件的变化，制动器容易失灵，梯笼下滑易导致事故，所以应加强维护，经常保持自动调节间隙机构的清洁，发现问题及时修理。安全检查时，应做动作试验验证。

（二）限速器

坠落限速器是电梯的保险装置，每次电梯安装后进行检验时，应同时进行坠落试验，试验时，将梯笼升离地面 4 m 处，放松制动器，操纵坠落按钮，使梯笼自由降落，其制动距离为 1~1.5 m，确认制动效果良好；然后，再上升梯笼 20 cm，放松摩擦锥体离心块（以上试验分别按空载及额定荷载进行）。

按要求，限速器每两年标定一次（由指定单位进行标定）；安全检查时，应检查标定日期和结果。

（三）门联锁装置

门联锁装置是确保梯笼关闭严密时梯笼方可运行的安全装置。当梯笼门每按规定关闭严密时，梯笼不能投入运行，以确保梯笼内人员的安全。安全检查时，应做动作试验验证。

（四）上、下限位装置

梯笼运行时，必须确认上极限限位位置和下极限限位位置的正确及装置灵敏、可靠。安装检查时，应做动作试验验证。

二、安全保护

（1）电梯底笼周围 2.5 m 范围内必须设置牢固的防护栏杆，进出口处的上部须搭设足够尺寸的防护栏（按坠落半径要求）。（2）防护棚必须具有防护物体打击的能力，可用 5 cm 厚木板或相当于 5 cm 木板强度的其他材料搭设。（3）电梯与各层站过桥和运输通道，除应在两侧设置两道护身栏及挡脚板并用立网封闭外，进出口处还应设置常闭型的防护门。防护门在梯笼运行时处于关闭状态，当梯笼运行到某一层站时，该层站的防护门方可开启。（4）防护门构造应安全、可靠，平时全部处于关闭状态，不能使门全部打开。（5）各层站的运行通道或平台，必须采用 5 cm 厚的木板平整、牢固搭设，不准采用竹板及厚度不一的板材，板与板应进行固定，沿梯笼运行一侧不允许有局部板伸出的现象。

三、司机

（1）外用电梯司机属特种作业人员，应经正式培训考核并取得合格证书。（2）电梯每班首次作业前，应检查试验各限位装置、梯笼门等处的联锁装置是否良好，各层站台的门是否关闭，并进行空车升降试验和测定制动器的效能。电梯在每班首次载重运行时，必须从最低层上升，严禁自上而下运行。当梯笼升离地面 1 m 处时，要停车试验制动器的可靠性。（3）多班作业的电梯司机应按照规定进行交接班，并认真填写交接班记录。

四、荷载

（1）外用电梯一般均未装设超载限制装置，所以，施工现场要有明显的标志牌，对载人或载物作出明确限载规定，要求施工人员与司机共同遵守，并要求司机每次启动前先检查确认符合规定时，方可运行。（2）"未加对重不准载人"主要是针对原设计有对重的电梯而规定的。安装或拆除电梯过程中，往往出现对重已被拆除而梯笼仍在运行的情况，此时，梯笼的制动力矩大大增加，如果仍按正常情况载人、载物，则很容易导致事故。虽然一些电梯说明书中规定了要减载 50%，运行中只能载 1~2 名作业人员及拆除的配件，但是，无对重电梯的负荷相应加大，时间长易过热。为防止制动器失灵，梯笼应采用点动下滑，每下滑一个标准节停车一次。电梯原设计中无对重的，不受此限制。

五、安装与拆除

（一）安装或拆卸之前

由主管部门根据说明书要求及施工现场的实际情况制定详细的作业方案，并在班组作业之前向全体工作人员进行交底和指定监护人员。

（二）按照原建设部规定

安装和拆卸的作业人员，应由专业队伍中取得市级有关部门核发的资质证书的人员担任，并设专人指挥。

安装与拆除作业必须由有相关资质的专业安装队伍及有特种设备安拆岗位操作证的专业人员进行，应根据现场工作条件及设备情况编制安拆施工方案；要对作业人员进行分工和技术交底，确定指挥人员，划定安全警戒区域并设监护人员。

（三）安装准备工作

（1）选定合理的安装位置，保证电梯能最大限度地发挥其运送能力并满足现场的具体情况。（2）熟悉被安装电梯的使用说明书，并掌握其机械性能、安装顺序和步骤，检查设备在运输过程中有无损伤情况，随机配件有无遗失等。（3）确定安装位置时，应尽量使施工电梯与建筑物的距离取最小允许值，以利于整机的稳定。（4）电梯基础所在位置的地质情况必须达到生产厂家要求的承载力，同时；还要考虑建筑物附着点处所承受的最大作用力，应在建筑物上留好附着预留孔。（5）供电状况应良好，保证足够的供电容量。（6）准备必要的辅助设备，包括 5 t 以上的汽车式起重机或塔式起重机、经纬仪等。

（四）安装基本要求及步骤

（1）基础表面水平测量，了解水平误差，必要时进行找补。（2）利用起重设备将底架部分和两个标准节安装在符合要求的基础上，此时先不要固定地脚螺栓；将两个吊笼就位安装后，将主底架和副底架的地脚螺栓紧固并加以保护；然后，再安装一个标准节。（3）施工电梯的驱动形式有两种，一种是吊笼内安装；另一种是吊笼顶安装。如果是后者，就用辅助起重设备将两套驱动架安装在各自的吊笼上方并穿好连接销轴，然后再安装两个标准节。（4）用经纬仪调整导轨架的垂直度，使其在两个互相垂直方向上的误差均不超过5 mm，如果垂直度符合要求，再将基础底架上的地脚螺栓检查和紧固一次，保证垂直、平整、牢固。（5）电缆筒就位，安装电缆，给施工电梯送电。（6）给吊笼通电试运行，确保各个动作准确无误后，安装下限位碰块和下极限碰块。（7）下限位碰块的安装位置，应保证吊笼满载向下运行时限位开关触及下限位碰块自动切断控制电源后，吊笼底至地面缓冲弹簧的距离为300～400 mm，下极限碰块的安装位置，应保证极限开关在下限位开关动作之后动作，且吊笼不能撞到缓冲弹簧。（8）限位开关及极限开关调整到位后，便可进行导轨架（标准节）接高。同时，按照厂家的要求高度安装第一道附着架和电缆导架。（9）继续极限标准节的接高安装，直至达到需要的工作高度。附着架的安置距离应每隔9 m设置一套。（10）每安装一套附着架，都要用经纬仪测量导轨架在两个方向垂直度，必须极限校正。（11）当施工电梯导轨架高度达到要求高度时，需安装上限位碰块和上极限碰块。首先安装上极限碰块，然后安装上限位碰块。上极限碰块的安装位置应保证吊笼向上运行至极限开关碰到极限碰块停止后，吊笼底高出最高施工层150～200 mm，且吊笼上部与导轨架顶部距离不小于1.5 m。上限位碰块的安装位置应保证吊笼向上运行至限位开关动作切断电源停止后，吊笼底与最高施工层平齐。（12）限位碰块安装完毕后，应反复试验3次，校验其动作的准确性和可靠度。（13）将所有的滚轮、背轮间隙调整好，保证吊笼运行平稳。（14）当所有安装工作结束后，应检查各紧固件有无松动，是否达到了规定的拧紧力矩，然后进行载荷试验及吊笼坠落试验，并将安全器正确复位。

（五）施工电梯的拆卸

施工电梯的拆卸是一项重要的工作，必须由专业人员完成。拆卸前，必须对施工电梯进行一次全面的安全检查，进行吊笼模拟断绳试验。各项检查合格后，方可按照架设的逆过程（即先安装的后拆，后安装的先拆）进行外用电梯的拆卸。

（六）安全技术要求及安全措施

参与安装与拆卸的人员，必须熟悉施工电梯的机械性能和结构特点，并具备熟练的操作架设和排除一般故障的能力，且必须有强烈的安全意识。

（1）参与本项工作的人员应明确分工、专人负责、统一指挥，严禁酒后作业；（2）安装人员必须佩戴安全帽、系安全带、穿防滑鞋，不得穿过于宽松的衣服，应穿工作服；（3）每个吊笼顶平台上的作业人员、配备工具及待安装的部件总重不得超过 650 kg；（4）升降机运行时，作业人员的手臂、头部绝不能出安全栏杆；（5）雷雨天、雪天及风速超过 10 m/s 的恶劣天气不能进行安装与拆卸作业；（6）按照安全部门的规定，防坠器必须由具有相应资质的检测部门每两年检测一次。

六、安全验收

（1）电梯安装后应按规定进行验收。验收的内容包括基础的制作、架体的垂直度、附墙距离、顶端的自由高度，电气及安全装置的灵敏度检查测试，并做空载及额定荷载的试验运行进行验证。（2）如实记录检查测试结果和对不符合高度问题的改正结果，确认电梯各项指标均符合要求。

七、架体稳定

（1）导轨架安装时，用经纬仪对电梯的两个方向进行测量校准，其垂直度偏差不得超过 0.5%，或按照说明书规定。（2）导轨架顶部自由高度、导轨架与建筑物距离、附壁架之间的垂直距离以及最低点附壁架离地面高度等均不得超过说明书规定。（3）附壁架必须按照施工方案与建筑结构进行连接，并对建筑物规定强度要求，严禁附壁架与脚手架进行连接。

八、联络信号

（1）电梯作业应设信号指挥，司机按照给定的信号操作，作业前必须鸣铃示意。（2）信号指挥人员与司机应密切配合，不允许作业人员随意敲击导轨架进行联系。

九、电气安全

（1）电梯应单独安装配电箱，并按规定做保护接零（接地）、重复接地和装设漏电保护装置。装设在阴暗处的电梯或夜班作业的电梯，必须在全行程上装设足够的照明和明显的层站编号标志灯具。（2）电梯的电气装置应由专人负责检查、维护、调试，并有记录。

第四节　常用施工机具

一、木工机械

（一）平刨

木工刨床是专门用来加工木料表面（如表面的整直、修光、刨平等）的机具。木工刨床分为平刨床和压刨床两种。平刨床分为手压平刨床和直角平刨床；压刨床分单面压刨床、双面压刨床和四面刨床三种。

施工现场广泛使用的木工手压平刨床，主要采用手工操作，即利用刀轴的高速旋转，使刀架获得 25 m/s 以上的切削速度，此时用手把持、推动木料紧贴工作面进料，使它通过刀轴，而木料就在这复合运动中受到刨削。

在平刨上断手指的事故率很高，居木工机械事故的首位，历来被操作人员称为"老虎口"。

1. 安全隐患

（1）由于木质不均匀，其节疤或倒丝纹的硬度超过周围木质的几倍，刨削过程中碰到节疤时，其切削力也相应增加几倍，使得两手推压木料原有的平衡突然被打破，木料弹出或翻倒，而操作人员的两手仍按原来的方式施力，因而伸进刨口，手指被切去。（2）加工的木料过短，木料长度小于 250 mm。（3）临时用电不符合规范要求，如三级配电二级保护不完善，缺漏电保护器或漏电保护器失效，未做保护接零等。（4）传动部位无防护罩。（5）操作人员违章操作或操作方法不正确。

2. 安全要求

（1）必须使用圆柱形刀轴，严禁使用方轴。（2）刨刀刃口伸出量不能超过外径1.1 mm。（3）刨口开口量不得超过规定值。（4）每台木工平刨都必须装有安全防护装置（护手安全装置及传动部位防护罩），并配有刨小薄料的压板或压棍。（5）刨削工件最短长度不得小于刨口开口量的 4 倍，且刨削时必须用推板压紧工件进行刨削操作。（6）刨削前，必须仔细检查木料有无节疤和铁钉；如有，则须用冲头冲进去。（7）刨削过程中如感到木料振动太大，送料推力较大时，说明刨刀刃口已经磨损，必须停机，更换锋利的刨刀。（8）开机后切勿立即送刨削，一定要等到刀轴运转平稳后方可进行刨削。刀轴的转速一般都在 5 000 r/min 以上，从接通电源到刀轴转动平稳需经过一段时间，如果一启动就立即进行刨削，则刨削是在切削速度从低到高的变化过程中进行的，因而容易发生事故。（9）施工用电必须符合规范要求，要有保护接零（TN-S 系统）和漏电保护器。（10）施工现场应设置木工平刨作业区，并搭设防护棚；若作业区位于塔式起重机作业范围之内，应搭设双层防坠棚，在施工组织设计中予以策划和标识；同时，木工棚内须落实消防措施、安全操作规程及其责任人。（11）机械运转时，不得进行维修，更不得移动或拆除护手装置。

3. 预防措施

（1）平刨进入施工现场前，必须经过建筑安全管理部门验收，确认符合要求时，发给准用证或有验收手续方能使用。设备上必须挂合格牌。（2）施工现场严禁使用平刨、电锯、电钻等多用联合机械。（3）手压平刨必须有安全装置，操作前应检查各机械部件及安全防护装置是否松动或失灵，并检查刨刃锋利程度，经试车 1~3 min 后，才能进行正式工作；如刨刃已钝，应及时调换。（4）吃刀深度一般为 1~2 mm。（5）操作时左手压住木料，右手均匀推进，不要猛推猛拉，切勿将手指按于木料侧面；刨料时，先刨大面当作标准面，然后再刨小面。（6）在刨短、较薄的木料时，应用推压木料；长度不足 400 mm 或薄而窄的小料不得用手压刨。（7）两人同时操作时，须待料推过刨刃 150 mm 以外，下手方可接拖。（8）操作人员衣袖要扎紧，不准戴手套。（9）施工用电必须符合规范要求，并定期进行检查。

（二）圆盘锯

圆盘锯又叫作圆锯机，是应用很广的木工机械，由床身、工作台和锯轴组成。大型圆锯机座必须安装在结实、可靠的基础上，小型圆锯机座可以直接安放在地面上，工作台的高度约为 900 mm。锯轴装在机座的轴承内，锯轴的转动一般用皮带传动，但新式的机床都用电动机直接带动。有些圆锯机的工作台能够倾斜 45°角，而新式锯机的工作台始终保持水平，但是锯片能够自动倾斜，这不仅给工作带来很大方便，而且也比较安全。

1. 安全隐患

（1）圆锯片在装上锯床之前未校正中心，使得圆锯片在锯切木材时仅有一部分锯齿参加工作，工作弄锯齿因受力较大而变钝，容易引起木材的飞掷。（2）圆锯片有裂缝凹凸、歪斜等缺陷，锯齿折断使得圆锯片在工作时发生撞击，引起木材飞掷及圆锯本身破裂等危险。（3）传动皮带防护不严密。（4）护手安全装置残损。（5）未做保护接零和漏电保护，或其装置失效。

2. 安全要求

（1）锯片上方必须安装安全防护罩、挡板、松口刀，皮带传动处应有防护罩。（2）锯片不得连续断齿,裂纹长度不得超过 20 mm,有裂纹时应在其末端冲上裂孔(阻止其裂纹进一步发展)。(3)施工用电应符合要求,做保护接零,设置漏电保护器并确保有效。(4)操作开关必须采用单向按钮开关,无人操作时须断开电源。

3. 预防措施

(1)圆盘锯进入施工现场前,必须经过建筑安全管理部门验收,确认符合要求,发放准用证或有验收手续方能使用。设备上必须挂合格牌。(2)操作前,应检查机械是否完好,电器开关等是否良好,熔丝是否符合规格,并检查锯片是否有断、裂现象,并安装好防护罩,运转正常后方能投入使用。(3)操作人员应戴安全防护眼镜;锯片必须平整,不准安装倒顺开关,锯口要适当,锯片要与主动轴匹配、紧牢,不得有连续缺齿。(4)操作时,操作者应站在锯片左面的位置,不应与锯片站在同一直线上,以防止木料弹出伤人。(5)木料锯到接近端头时,应由下手拉料进锯,上手不得用手直接送料,应用木板推送。锯料时,不准将木料左右搬动或高抬;送料时不宜用力过猛,遇木节要减慢进锯速度,以防木节弹出伤人。(6)锯短料时,应使用推棍,不准直接用手推进,进料速度不得过快,下手接料必须使用刨钩。剖短料时,料长不得小于锯片直径的 1.5 倍,料高不得大于锯片直径的 1/3;截料时,截面高度不得大于锯片直径的 1/3。(7)锯线走偏时,应逐渐纠正,不准猛扳。锯片运转时间长,温度过高时,应用水冷却,直径 600 mm 以上的锯片应喷水冷却。(8)木料卡住锯片时,应立即停车处理。(9)用电应符合规范要求,采用三级配电二级保护,三相五线保护接零系统;定期进行检查,注意熔丝的选用,严禁采用其他金属丝作为代用品。

二、搅拌机

搅拌机是用于拌制砂浆及混凝土的施工机械,在建筑施工中应用非常广泛。它以电为动力,机械传动方式有齿轮传动和皮带传动,以齿轮传动为主。搅拌机种类较多,根据用途不同,分为砂浆搅拌机和混凝土搅拌机(也可用于拌制砂浆)两类;根据工作原理,分为自落式和强制式两类。

(一)安全隐患

(1)临时施工用电不符合规范要求,缺少漏电保护或保护失效;(2)机械设备在安装、防护装置上存在问题;(3)施工人员违反操作规程。

(二)安全要求

(1)安装场地应平整、夯实,机械安装要平稳、牢固。(2)各类搅拌机(除反转出料搅拌机外）均为单向旋转进行搅拌，接电源时应注意搅拌筒转向要与搅拌筒上的箭头方向一致。（3）开机前，先检查电气设备的绝缘和接地（采用保护接地时）是否良好，皮带轮保护罩是否完整。（4）工作时，先启动机械进行试运转，待机械运转正常后再加料搅拌，要边加料边加水；遇中途停机、停电时，应立即将料卸出，不允许中途停机后再重载启动。（5）砂浆搅拌机加料时，不准用脚踩或用铁锹、木棒在筒口往下拨、刮拌和料，工具不能碰撞搅拌叶，更不能在转动时把工具伸进料斗里扒浆。搅拌机下方不准站人，停机时，起斗必须挂上安全钩。（6）常温施工时，机械应安放在防雨棚内。（7）严禁非操作人员开动机械。（8）操作手柄应有保险装置，料斗应有保险挂钩。（9）作业后要全面冲洗，筒内料要出净，料斗降落到坑内最低处。

（三）预防措施

（1）搅拌机使用前，必须经过建筑安全管理部门验收，确认符合要求，发给准用证或有验收手续方能使用。设备应挂上合格牌。（2）临时施工用电应做好保护接零，配备漏电保护器，具备三级配电两级保护。（3）搅拌机应设防雨棚；若机械设置在塔式起重机运转作业范围内，必须搭设双层安全防坠棚。（4）搅拌机的传动部位应设置防护罩。（5）搅拌机安全操作规程应悬挂在墙上，明确设备责任人，定期进行安全检查、设备维修和保养。

搅拌站如图 7-1 所示。

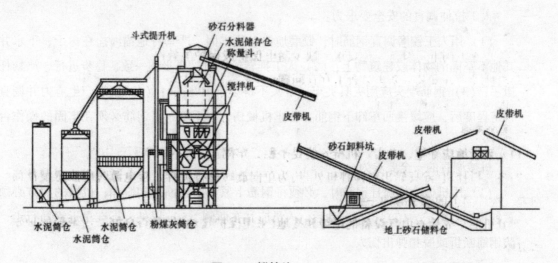

图 7-1 搅拌站

三、钢筋加工机械

钢筋工程包括钢筋基本加工（除锈、调直、切断、弯曲），钢筋冷加工，钢筋焊接、绑扎和安装等工序。在工业发达国家的现代化生产中，钢筋加工则由自动生产线连续完成。钢筋加工机械主要包括电动除锈机、机械调直机、钢筋切断机、钢筋弯曲机、钢筋冷加工机械（冷拉机具、拔丝机）、对焊机等。

（一）钢筋加工机械的种类及安全要求

1. 钢筋除锈机械

（1）使用电动除锈机前，要检查钢丝刷固定螺钉有无松动，检查封闭式防护罩装置及排尘设备的完好情况，防止发生机械伤害。（2）使用移动式除锈机时，要注意检查电气设备的绝缘及接地是否良好。（3）操作人员要将袖口扎紧，戴好口罩、手套等防护用品，特别要戴好安全保护眼镜，防止圆盘钢丝刷上的钢丝甩出伤人。（4）送料时，操作人员要侧身操作，严禁除锈机的正前方站人；长料除锈时需两人互相配合。

2. 钢筋调直机械

直径小于 12 mm 的盘状钢筋使用前，必须经过放圈、调直工序；局部曲折的直条钢筋，也需调直后使用。这种工作一般利用卷扬机完成。工作量较大时，采用带有剪切机构的自动矫直机，不仅生产率高、体积小、劳动条件好，而且能够同时完成钢筋的清刷、矫直和剪切等工序，还能矫直高强度钢筋。

钢筋调直方法有三种，即拉伸调直、调直机械调直和手工调直。其中，拉伸调直和调直机械调直的安全要求如下所述。

人工拉伸调直的安全要求为：

（1）用人工铰磨调直钢筋时，铰磨地锚必须牢固，严禁将地锚绳拴在树干、下水井及其他不坚固的物体或建筑物上；（2）人工推转铰磨时，要步调一致、稳步进行，严禁任意撒手；（3）钢筋端头应用夹具夹牢，卡头不得小于 100 mm；（4）钢筋产生应力并调直到预定程度后，应缓慢回车卸下钢筋，防止机械伤人；手工调直钢筋必须在牢固的操作台上进行。

机械调直的安全要求为：

（1）用机械冷拉调直钢筋时，必须将钢筋卡紧，防止断折扣脱扣；机械的前方必须设置铁板加以防护。（2）机械开动后，人员应站在两侧 1.5 m 以外，不准靠近钢筋行走，预防钢筋断折或脱扣弹出伤人。

3. 钢筋切断机

钢筋的切断方法视钢筋直径大小而定，直径为 20 mm 以下的钢筋用手动机床切断，大直径的钢筋则必须用专用机械切断。

（1）手动切断装置一般有固定部分与活动部分，各装一个刀片，当刀片产生相对运动时，即可切断钢筋。直径为 12 mm 以下的钢盘，一个工人即可切断；直径为 12~20 mm 的钢筋，则需两人才能切断。（2）机动切断设备的工作原理与手动相同，也有固定刀片和活动刀片，后者装在滑块上，靠偏心轮轴的转动获得往复运动，装在机床内部的曲轴连杆机构，推动活动刀片切断钢筋。这种切断机生产率约为每分钟 30 根，直径为 40 mm 以下的钢筋均可切断。切割直径为 12 mm 以下的钢筋时，每次可切 5 根。机械切断操作的安全要求如下：①切断机切断钢筋时，断料的长度不得小于 1 m；一次切断的根数，必须符合机械的性能，严禁超量切割。②切断直径为 12 mm 以上的钢筋时，需两人配合操作。人与钢筋要保持一定的距离，并应当把稳钢筋。③断料时，料要握紧，在活动刀片向后退时将钢筋送进刀口，防止钢筋末端摆动或钢筋蹦出伤人。④不要在活动刀片向前推进时向刀口送料，这样不仅不能断准尺寸，还会发生机械或人身安全事故。

4. 钢筋弯曲机

钢筋弯曲机操作的安全要求如下：

（1）机械正在操作前，应检查机械各部件，并进行空载试运转正常后，方能正式操作。（2）操作时，注意力要集中，要熟悉工作盘旋转的方向，钢筋放置要与挡架、工作盘旋转方向相配合，不能放反。（3）操作时，钢筋必须放在插头的中下部，严禁弯曲超截面尺寸的钢筋，回转方向必须准确，手与插头的距离不得小于 200 mm。（4）机械运行过程中，严禁更换芯轴、销子和变换角度等，不准加油和清扫。（5）转盘换向必须待停机后再进行。

5. 钢筋对焊机

钢筋对焊的原理是利用对焊机产生的强电流，使钢筋两端在接触时产生热量，待钢筋两端部出现熔融状态时，通过对焊机加压顶锻，将钢筋连接成一体。钢筋对焊适用于焊接直径 10~40 mm 的 HPB300、HRB335、RRB400 级钢筋。

根据焊接过程和操作方法的不同，对焊机可分为电阻焊和闪光焊两种。施焊作业时，对焊机的闪光区域内需设置铁皮挡隔，其他人员应停留在闪光范围之外，以防火花灼伤；对焊机上应安置活动顶罩，防止飞溅的火花灼伤操作人员。另外，对焊机工作地点应铺设木板或其他绝缘垫，焊工应站在木板或绝缘垫上操作；焊机及金属工作台还应有保护接地装置。焊机操作的安全要求如下：

（1）焊工必须经过安全技术和防火知识培训，经考核合格，持证者方准独立操作；徒工操作必须有师傅带领指导，不准独立操作。（2）焊工施焊时，必须穿戴白色工作服、工作帽、绝缘鞋、手套、面罩等，并要时刻预防电弧光伤害；要及时通知周围无关人员离开作业区，以防伤害眼睛。（3）钢筋焊接工作房应采用防火材料搭建，焊接机械四周严禁堆放易燃物品，以免引起火灾。工作棚内应备有灭火器材。（4）遇六级及以上大风天气时，应停止高处作业；雨、雪天应停止露天作业；雨雪后，应先清除操作地点的积水或积雪，否则不准作业。(5) 进行大量焊接生产时，焊接变压器不得超负荷，变压器温度不得超过60℃；为此，要特别注意遵守焊机暂载率的规定，以免过分发热而损坏。(6) 焊接过程中，如焊机有不正常响声，变压器绝缘电阻过小，导线破裂、漏电等，应立即停止使用，进行检修。(7) 焊机断路器的接触点、电极（铜头）等要定期检修，冷却水管应保持畅通，不得漏水和超过规定温度。

（二）钢筋加工机械安全事故的预防措施

(1) 钢筋加工机械使用前，必须经过调试，保证运转正常，并经建筑安全管理部门验收，确认符合要求、发给准用证或有验收手续后，方可正式使用。设备应挂上合格牌。(2) 钢筋机械应由专人使用和管理，安全操作规程应悬挂在墙上，明确责任人。(3) 施工用电必须符合要求，做好保护接零，配置相应的漏电保护器。(4) 钢筋冷作业区与对焊作业区必须有安全防护设施。(5) 钢筋机械各传动部件必须有防护装置。(6) 在塔式起重机作业范围内，钢筋作业区必须设置双层安全防坠棚。

四、手持电动工具

建筑施工中，手持电动工具常用于木材的锯割、钻孔、刨光和磨光加工及混凝土浇筑过程中的振捣作业等。电动工具按其触电保护分为Ⅰ、Ⅱ、Ⅲ类。

Ⅰ类工具在防止触电的保护方面不仅依靠基本绝缘，而且它还包含一个附加的安全预防措施，使可触及的可导电零件在基本绝缘损坏的事故中不成为带电体。

Ⅱ类工具在防止触及的保护方面不仅依靠基本绝缘，而且它还提供双重绝缘或加强绝缘的附加安全预防措施和没有保护接地或依赖安装条件的措施。

Ⅲ类工具在防止触电保护方面依靠由安全特低电压供电和在工具内部不会产生比安全特低电压高的高压。其电压一般为 36 V。

（一）安全隐患

手持电动工具的安全隐患主要存在于电器方面，易发生触电事故：

(1) 未设置保护接零和两级漏电保护器，或保护失效；(2) 电动工具绝缘层破损而产生漏电；(3) 电源线和随机开关箱不符合要求；(4) 工人违反操作规定或未按规定穿戴绝缘用品。

（二）安全要求

（1）工具上的接零或接地保护要齐全、有效，随机开关灵敏、可靠。（2）电源进线长度应控制在标准范围内，以符合不同的使用要求。（3）必须按三类手持式电动工具来设置相应的二级漏电保护，而且末级漏电动作电流分别不大于：Ⅰ类手持电动工具（金属外壳）为 30mA（绝缘电阻不大于 2 m）；Ⅱ类手持式电动工具（绝缘外壳）为 15 mA（绝缘电阻为 7 m）；Ⅲ类手持式电动工具（采用 36 V 以下安全电压）为 15 mA。（4）使用Ⅰ类手持电动工具必须按规定穿戴绝缘用品或站在绝缘垫上。（5）电动工具不适宜在含有易燃、易爆或腐蚀性气体及潮湿等的特殊环境中使用，并应存放于干燥、清洁和没有腐蚀性气体的环境中。对于非金属壳体的电机、电器，存放和使用时应避免与汽油等溶剂接触。

（三）预防措施

（1）手持电动工具使用前，必须经过建筑安全管理部门验收，确定符合要求，发给准用证或有验收手续方能使用。设备应挂上合格牌。（2）一般场所选用Ⅱ类手持式电动工具时，应装设额定动作电流不大于 15 mA，额定漏电动作时间小于 0.1 s 的漏电保护器。采用Ⅰ类手持电动工具时，还必须做保护接零。在露天、潮湿场所或在金属构架上操作时，必须选用Ⅱ类手持电动工具，并装设防溅的漏电保护器，严禁使用Ⅰ类手持电动工具。在狭窄场所（锅炉、金属容器、地沟、管道内等）宜选用带隔离变压器的Ⅲ类手持电动工具，必须装设防溅的漏电保护器；将隔离变压器或漏电保护器装设在狭窄场所外面，工作时应有人监护。（3）手持电动工具的负荷线必须采用耐气候型的橡皮套铜芯软电缆，并不得有接头。（4）手持电动工具的外壳、负荷线、插头、开关等必须完好无损，使用前必须做空载试验，运转正常方可投入使用。（5）电动工具使用中不得任意调换插头，更不能拉着电源线拔插头。插插头时，开关应在断开位置，以防突然启动。（6）使用电动工具的过程中要经常检查，如发现绝缘损坏、电源线或电缆护套破裂、接地线脱落、插头插座开裂、接触不良及断续运转等故障时，应立即修复，否则不得使用。移动电动工具时，必须握持工具的手柄，不能用拖拉橡皮软线搬动工具，并随时防止橡皮软线擦破、断和轧坏现象，以免造成人身事故。（7）长期搁置未用的电动工具，使用前必须用 500 V 兆欧表测定绕阻与机壳之间的绝缘电阻值，应不得小于 7 MΩ，否则须进行干燥处理。

五、打桩机械

桩基础是建筑物及构筑物的基础形式之一，当天然地基的强度不能满足设计要求时，往往采用桩基础。桩基础通常是由若干根单桩组成，在单桩的顶部用承台连接成一个整体，构成桩基础。桩基工程施工所用的机械主要是桩机。

根据桩的工艺特点，桩分为预制桩和灌注桩。根据预制桩施工工艺不同，预制桩分为打入桩、静力压桩、振动沉桩等；灌注桩根据成孔的施工工艺不同，分为钻孔、冲击成孔、冲抓成孔、套管成孔、人工挖孔灌注桩等。

桩的施工机械种类繁多，配套设施也较多，施工安全问题主要涉及用电、机械、安全操作、空中坠物等诸多因素。这里只讲述打桩机的施工安全要求及预防措施。

打桩机一般由桩锤、桩架及动力装置组成。桩锤的作用是对桩施加冲击，将桩加入土中；桩架的作用是将桩吊到打桩位置，并在打入过程中引导桩的方向，保证桩沿着所要求的方向冲击；动力装置及辅助设备的作用是驱动桩锤，辅助打桩施工。

（一）打桩机械的安全要求

（1）桩机使用前应全面检查机械及相关部件，并进行空载试运转，严禁设备带"病"工作；（2）各种桩机的行走道路必须平整、坚实，以保证移动桩机时的安全；（3）启动电压降一般不超过额定电压的10%，否则要加大导线截面；（4）雨天施工时，电机应有防雨措施；遇到大风、大雾和大雨时，应停止施工；（5）设备应定期进行安全检查和维修保养；（6）高处检修时，不得向下乱丢物件。

（二）打桩机械安全事故的预防措施

（1）打桩机械使用前，必须经过建筑安全管理部门验收，确认符合要求，发给准用证或有验收手续方能使用。设备应挂上合格牌。（2）临时施工用电应符合规范要求。（3）打桩机应设有超高限位装置。（4）打桩作业要有施工方案。（5）打桩安全操作规程应上牌并认真遵守，明确责任人。（6）具体操作人员应经培训教育和考核合格，持证并经安全技术交底后，方能上岗作业。

第五节　起重吊装

一、施工方案

起重吊装包括结构吊装和设备吊装，其作业属高处危险作业，作业条件多变，专业性强，施工技术也比较复杂，施工前应根据工程实际编制专项施工方案。专项施工方案的内容包括现场环境、工程概况、施工工艺、起重机械的选型依据、起重扒杆的设计计算、地

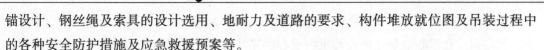

锚设计、钢丝绳及索具的设计选用、地耐力及道路的要求、构件堆放就位图及吊装过程中的各种安全防护措施及应急救援预案等。

专项施工方案必须针对工程状况和现场实际，具有指导性，并经上级技术部门审批确认符合要求。

二、起重机械

（一）起重机

（1）起重机械按施工方案要求选型，运到现场重新组装后，应进行试运转和验收，确认符合要求并有记录、签字。（2）起重机经检测合格后方可以继续使用，并应持有有关部门定期核发的准用证。（3）经检查确认，安全装置包括超高限位器、力矩限制器、臂杆幅度指示器及吊钩保险装置等均符合要求。当该机说明书中尚有其他安全装置时，应按说明书规定进行检查。

（二）起重扒杆

（1）起重扒杆的选用应符合作业工艺要求，扒杆的规格尺寸通过设计计算确定，其设计计算应按照有关规范标准进行并经上级技术部门审批。（2）扒杆选用的材料、截面以及组装形式，必须按设计图纸要求进行，组装后应经有关部门检验确认符合要求。（3）扒杆与钢丝绳、滑轮、卷扬机等组合好后，应先进行检查、试吊，确认符合设计要求，并做好试吊记录。

三、钢丝绳与地锚

（1）钢丝绳的结构形式、规格、强度等要符合机型要求。钢丝绳在卷筒上要连接牢固并按顺序整齐排列，当钢丝绳全部放出时，筒上至少要留上三圈以上。定期检查、报废。（2）扒杆滑轮及地面导向滑轮的选用，应与钢丝绳的直径相适应，其直径比值不应小于15；各组滑轮必须用钢丝绳牢靠固定，滑轮出现翼缘破损等缺陷时应及时更换。（3）缆风绳应使用钢丝绳，其安全系数 $K=3.5$，规格应符合施工方案要求。缆风绳应与地锚牢固连接。（4）地锚的埋设方法应经计算确定，地锚的位置及埋深应符合施工方案要求扒杆作业时的实际角度。移动扒杆时，必须使用经设计计算的正式地锚，不准随意拴在电线杆、树木和构件上。

四、吊点

（1）根据重物的外形、重心及工艺要求选择吊点，并在方案中进行规定。（2）吊点是在重物起吊、翻转、移位等作业中必须使用的，吊点选择应与重物的重心在，同一垂直线上，且吊点应在重心之上（吊点与重物重心的连线与重物的横截面垂直），使重物垂直起吊，禁止斜吊。(3) 当采用几个吊点起吊时，应使各吊点的合力作用点在重物重心的位置之上。必须正确计算每根吊索的长度，使重物在吊装过程中始终保持稳定位置。当构件无吊鼻需用钢丝绳捆绑时，必须对棱角处采取保护措施，防止切断钢丝。钢丝绳做吊索时，其安全系数 $K=6~8$。

五、司机、指挥

(1) 起重机司机属特种作业人员，应经正式培训考核并取得合格证书。合格证书或培训内容必须与司机所驾驶起重机类型相符。(2) 汽车式起重机、轮胎式起重机必须由起重机司机驾驶，严禁同车的汽车司机与起重机司机相互替代（司机持有两种证的除外）。(3) 起重机的信号指挥人员应经正式培训考核并取得合格证书。(4) 当起重机在地面而吊装作业在高处的条件下，必须专门设置信号传递人员，以确保司机清晰、准确地看到并听到指挥信号。

六、地基承载力

(1) 起重机作业区路面的地耐力应符合该机说明书要求，并应对相应的地耐力报告结果进行审查。(2) 作业道路平整、坚实，一般情况下，纵向坡度不大于3‰，横向坡度不大于1‰。直机行驶或停放时，应与沟渠、基坑保持5 m以上的距离，且不得停放在斜坡上。(3) 当地面平整与地耐力不能满足要求时，应采用路基箱、道木等铺垫措施，以确保机车的作业条件。

七、起重作业

(1) 起重机司机应对施工作业中起吊重物的情况了解清楚，并有交底记录。(2) 司机必须熟知该机车起吊高度及幅度情况下的实际起吊重量，并清楚机车中各装置的正确使用方法，熟悉操作规程，做到不超载作业。(3) 作业面平整、坚实，支脚全部伸出、垫牢，机车平稳、不倾斜。(4) 不准斜拉、斜吊。重物上升时，动作应逐渐缓慢进行，不得突然起吊形成超载。(5) 不得起吊埋于地下、粘在地面及其物体上的重物。(6) 多台起重机共同工作时，必须随时掌握起重机起升的同步性，单机负载不得超过该机额定起重量的80%。(7) 起重机首次起吊或重物重量变换后首次起吊时，应先将重物吊离地面200~300 mm后停住，检查起重机的工作状态，在确认起重机稳定、制动可靠、重物吊挂平衡牢固后，方可继续起升。

八、高处作业

（1）起重吊装在高处作业时，应按规定设置安全措施，防止高处坠落。安全措施包括各洞口盖严、盖牢，临边作业应搭设防护栏杆、封挂密目网等；结构吊装时，可设置移动式节间安全平网，随节间吊装平网可平移到下一节间，以防护节间高处作业人员的安全。高处作业规范规定：屋架吊装以前，应预先在下弦挂设安全网，吊装完毕后，即将安全网铺设固定。（2）吊装作业人员在高空移动和作业时，必须系牢安全带；独立悬空作业人员除有安全网的防护外，还应以安全带作为防护措施的补充。例如，在屋架安装过程中，屋架的上弦不允许作业人员行走。当走下弦时，必须将安全带系牢在屋架上的脚手杆上（这些脚手杆是在屋架吊装之前临时绑扎的）；在行车梁安装过程中，作业人员从行车梁上行走时，其一侧护栏可采用钢索，作业人员将安全带扣牢在钢索上随人员滑行，确保作业人员移动安全。（3）作业人员上、下应有专用爬梯或斜道，不允许攀爬脚手架或建筑物。爬梯的制作和设置应符合高处作业规范关于攀登作业的规定。

九、作业平台

（1）按照高处作业规范规定："悬空作业处应有牢靠的立足处，并必须视具体情况配置防护栏网、栏杆或其他安全设施。"高处作业人员必须站在符合要求的脚手架或平台上作业。（2）脚手架或作业平台应有搭设方案，临边应设置防护栏且封挂密目网。（3）脚手架的选材和铺设应严密、牢固，并符合脚手架的搭设规定。

十、构件堆放

（1）构件应堆放平稳，底部设计位置设置垫木。楼板堆放高度一般不应超过 1.6 m。（2）构件多层叠放时，柱子不超过 2 层，梁不超过 3 层，大型屋面板、多孔板为 6~8 层，钢屋架不超过 3 层。各层的支撑垫木应在同一垂直线上，各堆放构件之间应留不小于 0.7 m 宽的通道。（3）重心较高的构件（如屋架、大梁等），除在底部设垫木外，还应在两侧加设支撑，或将几榀大梁用方木、钢丝连成一体，提高其稳定性，侧向支撑沿梁长度方向不得少于 3 道。墙板堆放架应经设计计算确定，并确保地面满足抗倾覆要求。

十一、警戒

（1）起重吊装作业前，应根据施工组织设计要求划定危险作业区域，设置醒目的警示标志，防止无关人员进入。（2）除设置标志外，还应视现场作业环境专门设置监护人员，防止高处作业或交叉作业时造成落物伤人。

十二、操作工

（1）起重吊装作业人员（包括起重工、电焊工等）均属特种作业人员，必须经有关部门培训考核并发给合格证书方可操作。（2）起重吊装属专业性强、危险性大的工作，应由有关部门认证的专业队伍进行，工作时应由有经验的人员担任指挥。

十三、起重吊装常见的安全事故

（1）吊装施工时，由于无人指挥，吊臂回转过快、吊钩过低，吊挂人员站在吊车作业回转半径内，吊钩晃动等砸伤吊挂人员；（2）起重机作业前，没有将平衡支腿均衡伸出或支脚下垫板不够，造成吊装机械倾斜甚至翻车；（3）吊车组装过程中，吊臂中间的衔接销或螺栓没有正确安装，导致吊臂松脱，砸伤作业人员；（4）由于吊装机械常年失修，吊装时超过限量，吊臂突然折断坠落等造成安全事故；（5）在吊装过程中，由于吊臂离高压线太近，司机无法看到，没有设专人指挥，导致材料碰上高压线，造成触电事故；（6）临边吊装时，由于被吊物晃动幅度大，导致施工人员失去平衡坠落；（7）在卡车上卸货时，吊挂人员站在车厢边沿指挥卸货，不慎踩空跌倒受伤；（8）信号工酒后作业，指挥吊装时人从高处坠落；（9）吊装机械吊运物品时，施工人员违规站在被吊物上，导致坠落，造成事故；（10）强风天气吊装作业，很容易造成吊运构件晃动失控，碰到了操作平台，导致工人跌落摔伤；（11）吊装龙骨、钢筋等散状物时，由于晃动或捆绑不牢，在吊装过程中碰撞到完成的建筑物，导致部分物品脱落，砸到下方人员；（12）吊车卸料完成将钢丝绳抽出时，钢丝绳反弹打伤吊挂人员；（13）吊装机械起吊整体构件时，由于吊点位置不正确，很容易造成摇晃和脱落，砸伤施工人员或指挥人员。

造成吊装安全事故的因素有很多，在制定吊装专项施工方案时，应将不利因素列出，以利于采取有效预防措施。

第八章　消防安全管理与施工现场临时用电安全技术

第一节　消防安全管理概述

一、消防安全管理的基本概念

消防安全是指控制能引起火灾、爆炸的因素，消除能导致人员伤亡或引起设备、财产破坏和损失的条件，为人们生产、经营、工作、生活创造一个不发生或少发生火灾的安全环境。

消防安全管理是指单位管理者和主管部门遵循经营管理活动规律和火灾发生的客观规律，依照一个规定，运用管理方法，通过管理职能合理、有效地组合，保证消防安全的各种资源所进行的一系列活动，以保护单位员工免遭火灾危害，保护财产不受火灾损失，促进单位改善消防安全环境，保障单位经营、技术的顺利发展。

消防安全管理是单位劳动、经营过程的一般要求，是其生存和发展的客观要求，是单位共同劳动和共同生活不可缺少的组成部分。

二、加强消防安全管理的必要性

加强施工现场消防安全管理的必要性主要体现在以下几个方面：

（1）在建设工程中，可燃性临时建筑物多，受现场条件限制，仓库、食堂等临时性的易燃建筑物毗邻。（2）易燃材料多，现场除传统的油毡、木料、油漆等可燃性建材之外，还有许多施工人员不太熟悉的可燃材料，如聚苯乙烯泡沫塑料板，聚氨酯软质海绵、玻璃钢等。（3）建筑施工手段的现代化、机械化，使施工离不开电源、卷扬机、起重机、搅拌机、对焊机、电焊机、聚光灯塔等大功率电气设备，其电源线的敷设大多是临时性的，电气绝缘层容易磨损，电气负荷容易超载，而且这些电气设备多是露天设置的，易绝缘老化、漏电或遭受雷击，造成火灾。施工现场存在着用电量大、临时线路纵横交错、容易短路和漏电产生电火花或用电负荷量大等引起火灾的隐患。（4）交叉作业多，施工工序相互交叉，火灾隐患不易发现，施工人员流动性较大，民工多，安全文化程度不一，安全意识薄弱。（5）装修过程险情多，在装修阶段或者工程竣工后的维护过程，因场地狭小、操作不便，建筑物的隐蔽部位较多，如果用火、喷涂油漆等，不小心就会酿成火灾。

施工现场存在较多的火灾隐患，一旦发生火灾，不仅会烧毁未建成的建筑物和其周围建筑物，带来巨大的经济损失，而且还会造成重大人员伤亡。消防安全直接关系到人民群众的生命和财产安全，必须加强消防安全管理。

第二节　施工现场消防安全职责

一、施工单位消防安全职责

机关、团体、企业、事业单位应当履行下列消防安全职责：

（1）落实消防安全责任制，制定本单位的消防安全制度、消防安全操作规程，制定灭火和应急疏散预案；（2）按照国家标准、行业标准配置消防设施、器材，设置消防安全标志，并定期组织检验、维修，确保完好有效；（3）对建筑消防设施每年至少进行一次全面检测，确保完好有效，检测记录应当完整准确，存档备查；（4）保障疏散通道、安全出口、消防车通道畅通，保证防火防烟分区、防火间距符合消防技术标准；（5）组织防火检查，及时消除火灾隐患；（6）组织进行有针对性的消防演练。

禁止在具有火灾、爆炸危险的场所吸烟、使用明火。因施工等特殊情况需要使用明火作业的，应当按照规定事先办理审批手续，采取相应的消防安全措施；作业人员应当遵守消防安全规定。进行电焊、气焊等具有火灾危险作业的人员和自动消防系统的操作人员，必须持证上岗，并遵守消防安全操作规程。

任何单位、个人不得损坏、挪用或者擅自拆除、停用消防设施、器材，不得埋压、圈占、遮挡消火栓或者占用防火间距，不得占用、堵塞、封闭疏散通道、安全出口、消防车通道。人员密集场所的门窗不得设置影响逃生和灭火救援的障碍物。

建筑施工企业应当在施工现场采取维护安全、防范危险、预防火灾等措施；有条件的，应当对施工现场实行封闭管理。

施工单位应当在施工现场建立消防安全责任制度，确定消防安全责任人，制定用火、用电、使用易燃易爆材料等各项消防安全管理制度和操作规程，设置消防通道、消防水源，配备消防设施和灭火器材，并在施工现场入口处设置明显标志。

（1）各地区、各部门、各企业都要切实增强全员的消防安全意识。（2）各地区、各部门、各企业要立即组织一次施工现场消防安全大检查，切实消除火灾隐患，警惕火灾的发生，检查的重点是施工现场（包括装饰装修工程）、生产加工车间、临时办公室、临时宿舍以及有明火作业和各类易燃、易爆物品的存放场所等。（3）建筑施工企业要严格执行国家和地方有关消防安全的法规、标准和规范，坚持"预防为主"的原则，建立和落实施工现场消防设备的维护、保养制度以及化工材料、各类油料等易燃品仓库管理制度，确保各类消防设施的可靠、有效及易燃品存放、使用安全。（4）要严肃施工火灾事故的查处工作，对发生重大火灾事故的，要严格按照"四不放过"的原则，查明原因、查清责任，对肇事者和有关负责人要严肃进行查处，施工现场发生重大火灾事故的，在向公安消防部门报告的同时，必须及时报告当地建设行政主管部门，对有重大经济损失的和产生重大社会影响的火灾事故，要及时报告原建设部建设监理司。

二、施工现场的消防安全组织

建立消防安全组织，明确各级消防安全管理职责，是确保施工现场消防安全的重要前提。施工现场消防安全组织包括：

（1）建立消防安全领导小组，负责施工现场的消防安全领导工作。（2）成立消防安全保卫组（部），负责施工现场的日常消防安全管理工作。（3）成立义务消防队，负责施工现场的日常消防安全检查、消防器材维护和初期火灾扑救工作。（4）项目经理是施工现场的消防安全责任人，对施工现场的消防安全工作全面负责；同时，确定一名主要领导为消防安全管理人，具体负责施工现场的消防安全工作；配备专、兼职消防安全管理人员（消防干部、消防主管），负责施工现场的日常消防安全管理工作。

三、施工现场消防安全职责

（一）项目经理职责

（1）对项目工程生产经营过程中的消防负全面领导责任。（2）贯彻落实消防方针、政策、法规和各项规章制度，结合项目工程特点及施工全过程的情况，制定本项目各消防管理办法或提出要求，并监督实施。（3）根据工程特点确定消防规章管理体制和人员，并确定各业务承包人的消防保卫责任和考核指标，支持、指导消防人员工作。（4）组织落实施工组织设计中的消防措施，组织并监督项目施工中消防技术交底和设备、设施验收制度的实施。（5）领导、组织施工现场定期的消防检查，发现消防工作中的问题，制定措施，及时解决。对上级提出的消防与管理方面的问题，要定时、定人、定措施予以整改。（6）发生事故后，要做好现场保护与抢救工作，及时上报，组织、配合事故调查，认真落实制定的整改措施，吸取事故教训。（7）对外包队伍加强消防安全管理，并对其教训评定。（8）参加消防检查，对施工中存在的不安全因素，从技术方面提出整改意见和方法并予以清除。（9）参加并配合火灾及重大未遂事故的调查，从技术上分析事故原因，提出防范措施和意见。

（二）工长职责

（1）认真执行上级有关消防安全生产规定，对所管辖班组的消防安全生产负直接领导责任。（2）认真执行消防安全技术措施及安全操作规程，针对生产任务的特点，向班组进行书面消防安全技术交底，履行签字手续，并对规程、措施、交底的执行情况实施经常检查，随时纠正现场及作业中的违章、违规行为。（3）经常检查所管辖班组作业环境及各种设备、设施的消防安全状况，发现问题及时纠正、解决。对重点、特殊部位的施工，必须检查作业人员及设备、设施及时状况是否符合消防安全要求，严格执行消防安全技术交底，落实安全技术措施，并监督其认真执行，做到不违章指挥。（4）定期组织所辖班组学习消防规章制度，开展消防安全教育活动，接受安全部门或人员的消防安全监督检查，及时解决提出的不安全问题。（5）对分管工程项目应用的符合审批手续的新材料、新工艺、新技术，要组织作业工人进行消防安全技术培训；若在施工中发现问题，必须立即停止使用，并上报有关部门或领导。（6）发生火灾或未遂事故要保护现场，立即上报。

（三）班组长的职责

（1）对本班、组的消防工作负全面责任。认真贯彻执行各项消防规章制度及安全操作规程，认真落实消防安全技术交底，合理安排班组人员工作。（2）熟悉本班组的火险危险性，遵守岗位防火责任制，定期检查班组作业现场消防状况，发现问题及时解决。（3）严格执行劳动纪律，及时纠正违章、蛮干现象，认真填写交接班记录和有关防火工作的原始资料，使防火管理和火险隐患检查整改在班组不留任何漏洞。（4）经常组织班组人员学习消防知识，监督班组人员正确使用个人劳动保护用品。（5）对新调入的职工或变更工种的职工，在上岗位之前进行防火安全教育。（6）熟悉本班组消防器材的分布位置，加强管理，明确分工，发现问题及时反映，保证初期火灾的扑救。（7）发现火灾苗头，保护好现场，立即上报有关领导。（8）发生火灾事故，立即报警和向上级报告，组织本班组义务消防人员和职工扑救，保护火灾现场，积极协助有关部门调查火灾原因，查明责任者并提出改进意见。

（四）班组工人的职责

（1）认真学习和掌握消防知识，严格遵守各项防火规章制度。（2）认真执行消防安全技术交底，不违章作业，服从指挥、管理；随时随地注意消防安全，积极主动地做好消防安全工作。（3）发扬团结友爱精神，在消防安全生产方面做到互相帮助、互相监督，对新工人要积极传授消防保卫知识，维护一切消防设施和防护用具，做到整齐使用，不损坏、不私人拆改、挪用。（4）对不利于消防安全的作业要积极提出意见，并有权拒绝违章指挥。（5）发现有火灾险情立即向领导反映，避免事故发生。（6）发现火灾应立即向有关部门报告火警，不谎报火警。（7）发生火灾事故时，有参加、组织灭火工作的义务，并保护好现场，主动协助领导查清起火原因。

（五）消防负责人职责

项目消防负责人是工地防火安全的第一责任人，负责本工地的消防安全，履行以下职责：

（1）制定并落实消防安全责任制和防火安全管理制度，组织编制火灾的应急预案和落实防火、灭火方案以及火灾发生时应急预案的实施。（2）拟定项目经理部及义务消防队的消防工作计划。（3）配备灭火器材，落实定期维护、保养措施，改善防火条件，开展消防安全检查和火灾隐患整改工作，及时消除火险隐患。（4）管理本工地的义务消防队和灭火训练，组织灭火和应急疏散预案的实施和演练。（5）组织开展员工消防知识、技能的宣传教育和培训，使职工懂得安全用火、用电和其他防火、灭火常识，增强职工消防意识和自防自救能力。（6）组织火灾自救，保护火灾现场，协助火灾原因调查。

（六）消防干部的职责

（1）认真贯彻"预防为主、防消结合"的消防工作方针，协助防火负责人制定防火安全方案和措施，并督促落实。（2）定期进行防火安全检查，及时消除各种火险隐患，纠正违反消防法规、规章的行为，并向防火负责人报告，提出对违章人的处理意见。（3）指导防火工作，落实防火组织、防火制度和灭火准备，对职工进行防火宣传教育。（4）组织参加本业务系统召集的会议，参加施工组织设计的审查工作，按时填报各种报表。（5）对重大火险隐患及时提出消除措施的建议、填发火险隐患通知书，并报消防监督机关备案。（6）组织义务消防队的业务学习和训练。（7）发生火灾事故，立即报警和向上级报告，同时要积极组织扑救，保护火灾现场，配合事故的调查。

（七）义务消防队职责

（1）热爱消防工作，遵守和贯彻有关消防制度，并向职工进行消防知识宣传，提高防火警惕性。（2）结合本职工作，班前、班后进行防火检查，发现不安全的问题及时解决，解决不了的应采取措施并向领导报告，发现违反防火制定者有权制止。（3）经常维修、保养消防器材及设备，并根据本单位的实际情况和需要报请领导添置各种消防器材。（4）组织消防业务学习和技术操练，提高消防业务水平。（5）组织队员轮流值勤。（6）协助领导制定本单位灭火的应急预案。发生火灾立即启动应急预案，实施灭火与抢救工作。协助领导和有关部门保护现场，追查失火原因，提出改进措施。

第三节 消防设施管理

一、施工现场平面布置的消防安全要求

（一）防火间距要求

施工现场的平面布局应以施工工程为中心，明确划分出用火作业区、禁火作业区（易燃可燃材料的堆放场地）、仓库区、现场生活区和办公区等区域。区域间应设立明显的标志，将火灾危险性大的区域布置在施工现场常年主导风向的下风侧或侧风向，各区域之间的防火间距应符合消防技术规范和有关地方法规的要求。

（1）禁火作业区距离生活区应不小于 15 m，距离其他区域应不小于 25 m。（2）易燃、可燃材料的堆料场及仓库距离修建的建筑物和其他区域应不小于 20 m。（3）易燃废品的集中场地距离修建的建筑物和其他区域应不小于 30 m。（4）防火间距内，不应堆放易燃、可燃材料。

（二）现场道路及消防要求

（1）施工现场的道路，夜间要有足够的照明设备。（2）施工现场必须建立消防通道，其宽度应不小于 3.5 m，禁止占用场内通道堆放材料，在工程施工的任何阶段都必须通行无阻。施工现场的消防水源处，还要筑有消防车能驶入的道路，如果不可能修建通道，应在水源（池）一边铺砌停车和回车空地。（3）临时性建筑物、仓库以及正在修建的建（构）筑物的道路旁，都应该配置适当种类和一定数量灭火器，并布置在明显的和便于取

用的地点。冬期施工还应对消防水池、消防栓和灭火器等做好防冻工作。

（三）消防用水要求

施工现场要设有足够的消防水源（给水管道或蓄水池），对有消防给水管道设计的工程，应在施工时先敷设好室外消防给水管道与消防栓。

现场应设消防水管网、配备消防栓。进水干管直径不小于 100 mm。较大工程要分区设置消防栓；施工现场消防栓处，要设明显标志，配备足够水带，周围 3 m 内，不准存放任何物品。消防泵房应用非燃材料建造，设在安全位置，消防泵专用配电线路应引自施工现场总断路器的上端，要保证连续、不间断供电。

二、焊接机具、燃气具的安全管理

（一）电焊设备的防火、防爆炸要求

（1）每台电焊机均需设专用断路开关，并有与电焊机相匹配的过流保护装置，装在防火防雨的闸箱内。现场使用的电焊机，应设有防雨、防潮、防晒的机棚，并装设相应的消防器材。（2）每台电焊机应设独立的接地、接零线，其接点用螺钉压紧。电焊机的接线柱、接线孔等应装在绝缘板上，并有防护罩保护。电焊机应放置在避雨、干燥的地方，不准与易燃、易爆的物品或容器混放在一起。（3）电焊机和电源要符合用电安全负荷。超过3台以上的电焊机要固定地点集中管理、统一编号。室内焊接时，电焊机的位置、线路敷设和操作地点的选择应符合防火安全要求，作业前必须进行检查。（4）电焊钳应具有良好的绝缘和隔热能力。电焊钳握柄必须良好绝缘，握柄与导线连接牢靠，接触良好。（5）电焊机导线应具有良好的绝缘，绝缘电阻不得小于 1 MΩ，应使用防水型的橡胶皮护套多股铜芯软电缆，不得将电焊机导线放在高温物体附近。（6）电焊机导线和接地线不得搭在氧气瓶、乙炔瓶、乙炔发生器、煤气、液化气等易燃、易爆设备和带有热源的物品上；专用的接地线直接接在焊件上，不准接在管道、机械设备、建筑物金属架或轨道上。（7）电焊导线长度不宜大于 30 m，当需要加长时，应相应增加导线的截面，电焊导线中间不应有接头，如果必须设有接头，其接头处要距离易燃、易爆物 10 m 以上，防止接触打火，造成起火事故。（8）电焊机二次线，应用线鼻子压接牢固，并加防护罩，防止松动、短路放弧。禁止使用无防护罩的电焊机。（9）施焊现场 10 m 范围内，不得堆放油类、木材、氧气瓶、乙炔发生器等易燃、易爆物品。（10）当长期停用的电焊恢复使用时，其绝缘电阻不得小于 0.5 MΩ，接线部分不得有腐蚀或受潮现象。

（二）气焊设备的防火、防爆要求

1. 氧气瓶与乙炔瓶

（1）氧气瓶与乙炔瓶是气焊工艺的主要设备，属于易燃、易爆的压力容器。乙炔气瓶必须配备专用的乙炔减压器和回火防止器可以防止氧气倒回而发生事故。氧气瓶要安装高、低气压表，不得接近热源，瓶阀及其附件不得沾油脂。（2）乙炔气瓶、氧气瓶与气焊操作地点（含一切明火）的距离不应小于 10 m，焊、割作业时，两者的距离不应小于 5 m，存放时的距离不小于 2 m。（3）氧气瓶、乙炔瓶应立放固定，严禁倒放，夏季不得在日光下曝晒，不得放置在高压线下面，禁止在氧气瓶、乙炔瓶的垂直上方进行焊接。（4）气焊工在操作前，必须对其设备进行检查，禁止使用保险装置失灵或导管有缺陷的设备。装置要经常检查和维护，防止漏气，同时严禁气路沾油。（5）冬期施工完毕后，要及时将乙炔瓶和氧气瓶送回存放处，并采取一定的防冻措施，以免冻结。如果冻结，严禁敲击和明火烘烤，要用热水或蒸气加热解冻，不许用热水或蒸气加热瓶体。（6）检查漏气时要用肥皂水，禁止用明火试漏。作业时，要根据金属材料的材质、形状确定焊炬与金属的距离，不要距离太近，以防喷嘴太热，引起焊炬内自燃回火。点火前，要检查焊炬是否正常，其方法是检查焊炬的吸力，若开了氧气而乙炔管毫无吸力，则焊炬不能使用，必须及时修复。（7）瓶内气体不得用尽，必须留有 0.1~0.2 MPa 的余压。（8）储运时，瓶阀应戴安全帽，瓶体要有防震圈，应轻装轻卸，搬运时严禁滚动、撞击。

2. 液化石油气瓶

（1）运输和储存时，环境温度不得高于 60℃；严禁受日光曝晒或靠近高温热源；与明火距离不小于 10 m。（2）气瓶正立使用，严禁卧放、倒置。必须装专用减压器，使用耐油性强的橡胶管和衬垫；使用时环境温度以 20 ℃为宜。（3）冬季时，严禁火烤或沸水加热气瓶，只可以用 40 ℃以下温水加热。（4）禁止自行倾倒残液，防止发生火灾和爆炸。（5）瓶内气体不得用尽，必须留有 0.1 MPa 以上的余压。（6）禁止剧烈振动和撞击。（7）严格控制充装量，不得充满液体。

三、消防设施、器材的布置

根据灭火的需要，建筑施工现场必须配置相应种类、数量的消防器材、设备、设施，如消防水池（缸）、消防梯、沙箱（池）、消防栓、消防桶、消防镦、消防钩（安全钩）及灭火器等。

（一）消防器材的配备

（1）一般临时设施区域内，每100 m²配备2只10 L灭火器。（2）大型临时设施总面积超过1 200 m²，应备有专供消防用的积水桶（池）、沙池等器材、设施，上述设施周围不得堆放物品，并留有消防车道。（3）临时木工间、油漆间，木、机具间每25 m²配备一只种类合适的灭火器，油库、危险品仓库应配备足够数量、种类合适的灭火器。（4）仓库或堆料场内，应根据灭火对象的特征，分组布置酸碱、泡沫、清水、二氧化碳等灭火器，每组灭火器不应少于4个，每组灭火器之间的距离不应大于30 m。（5）高度24 m以上高层建筑施工现场，应设置具有足够扬程的高压水泵或其他防火设备和设施。（6）施工现场的临时消防栓应分设于明显且便于使用的地点，并保证消防栓的充实水柱能达到工程的任何部位。（7）室外消防栓应沿消防车道或堆料场内交通道路的边缘设置，消防栓之间的距离不应大于50 m。（8）采用低压给水系统，管道内的压力在消防用水量最大时不低于0.1 MPa；采用高压给水系统，管道内的压力应保证两支水枪同时布置在堆场内最远和最高处的要求，水枪充实水柱不小于13 m，每支水枪的流量不应小于5 L/s。

（二）灭火器使用温度

灭火器的使用温度范围，见表8-1。

表8-1 灭火器的使用温度范围

灭火器类型	使用温度范围/℃	灭火器类型		使用温度范围/℃
清水灭火器	4~55	干粉灭火器	贮气瓶式	10~55
酸碱灭火器	4~55		贮压式	20~55
化学泡沫灭火器	4~55	卤代烷式灭火器		20~55
二氧化碳灭火器	10~55	–		–

（三）消防器材的日常管理

（1）各种消防梯经常保持完整、完好。（2）水枪要经常检查，保持开关灵活、水流畅通，附件齐全、无锈蚀。（3）水带冲水防骤然折弯，不被油脂污染，用后清洗晒干，收藏时单层卷起，竖直放在架上。（4）各种管接头和阀盖应接装灵便、松紧适度、无渗漏，不得与酸碱等化学用品混放，使用时不得撞压。（5）消防栓按室内外（地上、地下）的不同要求定期进行检查和及时加注润滑液，消防栓上应经常清理。(6) 工地设有火灾探测和自动报警灭火系统时，应设专人管理，保持处于完好状态。(7) 消防水池与建筑物之间的距离一般不得小于 10 m，在水池的周围留有消防车道。在冬季或寒冷地区，消防水池应有可靠的防冻措施。

第四节　施工用电一般规定及方案设计

一、施工用电一般规定

考虑到用电事故的发生概率与用电的设计与设备的数量、种类、分布和负荷的大小有关，施工现场临时用电管理应符合以下要求：

(1) 施工现场临时用电设备数量在 5 台以下，或设备总容量在 50 kW 以下时，应制定符合规范要求的安全用电和电气防火措施。(2) 施工用电设备数量在 5 台以上，或用电设备容量在 50 kW 及以上时，应编制用电施工组织设计，并经企业技术负责人审核。(3) 应建立施工用电安全技术档案，定期经项目负责人检验签字。(4) 应定期对施工现场电工和用电人员进行安全用电教育培训和技术交底。(5) 施工用电应定期检测。

二、施工用电方案设计

施工现场临时用电的组织设计，是保障安全用电的首要工作，主要内容包括用电设计的原则、配电设计、用电设施管理和批准，施工用电工程的施工、验收和检查等，安全技术档案的建立、管理和内容等视作用电设计的延伸。

(一) 施工用电方案设计的基本原则

1. 采用三级配电系统

一级配电设施应起到总切断、总保护、平衡用电设备和计量的作用，应配置具备熔断并起切断作用的总隔离开关；在隔离开关的下面应配置漏电保护装置，经过漏电保护后支开用电回路，也可在回路开关上加装漏电保护功能；根据用电设备容量，配置相应的互感器、电流表、电压表、电度计量表、零线接线排和地线接线排等。二级配电设施应起到分配电总切断的作用，应配置总隔离开关、各用电设备前端的二级回路开关、零线接线排和地线接线排等。三级配电设施起着施工用电系统末端控制的作用，也就是单台用电设备的总控制，即一机一闸控制，应配置隔离开关、漏电保护开关盒接零、接地装置。

2. 采用 TN-S 接零保护系统

TN-S 系统是指电源系统有一直接接地点，负荷设备的外漏导电部分通过保护导体连接到此接地点的系统，即采取接零保护的系统。字母"T"和"N"分别表示配电网中性点直接接地和电气设备金属外壳接零。设备金属外壳与保护零线连接的方式称为保护接地。在这种系统中，当某一相线直接连接设备金属外壳时，即形成单相短路，短路电流促使线路上的短路保护装置迅速动作，在规定时间内断开故障设备电源，消除电击危险。TN-S 系统是有专用保护零线（PE 线），即保护零线和工作零线（N）完全分开的系统。爆炸危险性较大和安全要求较高的场所应采用 TN-S 系统。用 TN-S 系统的电源进线应为三相五线制。

3. 采用二级漏电保护系统

总配电漏电保护可以起到线路漏电保护与设备故障保护的作用，二级漏电保护可以直接断开单台故障设备的电源。

（二）施工用电方案设计的内容

施工用电方案设计的内容包括以下几个方面：

（1）统计用电设备容量，进行负荷计算；（2）确定电源进线、变电所或配电室、配电装置、用电设备位置及线路走向；（3）选择变压器，设计配电系统；（4）设计配电线路，选择导线或电缆；（5）设计配电装置，选择电气元件；（6）设计接地装置；（7）绘制临时用电工程图纸，主要包括施工现场用电总平面图、配电装置布置图、配电系统接线图、接地装置设计图等；（8）设计防雷装置；（9）确定防护措施；（10）制定安全用电措施和电气防火措施；（11）制定施工现场安全用电管理责任制；（12）制定临时用电工程的施工、验收和检查制度。

第五节　安全用电知识

第一，进入施工现场时，不要接触电线、供配电线路以及工地外围的供电线路；遇到地面有电线或电缆时，不要用脚踩踏，以免意外触电。

第二，看到"当心触电""禁止合闸""止步，高压危险"标志牌时，要特别留意，以免触电。

第三，不要擅自触摸、乱动各种配电箱、开关箱、电气设备等，以免发生触电事故。

第四，不能用潮湿的手去扳开关或触摸电气设备的金属外壳。

第五，衣物或其他杂物不能挂在电线上。

第六，施工现场的生活照明应尽量使用荧光灯。使用灯泡时，不能紧挨着衣物、蚊帐、纸张、木屑等易燃物品，以免发生火灾。施工中使用手持行灯时，要用 36 V 以下的安全电压。

第七，使用电动工具以前要检查工具外壳、导线绝缘皮等，如有破损应立即请专职电工检修。

第八，电动工具的线不够长时，要使用电源拖板。

第九，使用振捣器、打夯机时，不要拖拽电缆。要有专人收放。操作者要戴绝缘手套、穿绝缘靴等防护用品。

第十，使用电焊机时要先检查拖把线的绝缘情况。电焊时要戴绝缘手套、穿绝缘靴等防护用品，不要直接用手去碰触正在焊接的工件。

第十一，使用电锯等电动机械时，要有防护装置。

第十二，电动机械的电缆不能随地拖放，如果无法架空只能放在地面时，要加盖板保护，防止电缆受到外界的损伤。

第十三，开关箱周围不能堆放杂物。拉合闸刀时，旁边要有人监护。收工后，要锁好开关箱。

第十四，使用电器时，如遇跳闸或熔丝熔断时，不要自行更换或合闸，要由专职电工进行检修。

参考文献

［1］陈裕成，李伟. 建筑机械与设备［M］. 北京：北京理工大学出版社，2019.

［2］李振风，黄玮玮. 建筑机械操作工［M］. 北京：中国农业科学技术出版社，2018.

［3］黄敏. 装配式建筑施工与施工机械［M］. 重庆：重庆大学出版社，2019.

［4］林颖，范淇元，覃羡烘. 机械 CAD/CAM 技术与应用［M］. 武汉：华中科技大学出版社，2018.

［5］翟越，李艳. 建筑施工安全专项设计［M］. 北京：冶金工业出版社，2017.

［6］崔丽娜. 建筑起重信号司索工［M］. 北京：中国建材工业出版社，2017.

［7］王晓梅，李清杰. 建筑设备识图［M］. 北京：北京理工大学出版社，2019.

［8］祁顺彬. 建筑施工组织设计［M］. 北京：北京理工大学出版社，2018.

［9］郭凤双，施凯. 建筑施工技术［M］. 成都：西南交通大学出版社，2018.

［10］方洪涛，蒋春平. 高层建筑施工［M］. 北京：北京理工大学出版社，2019.

［11］张飞燕. 建筑施工工艺［M］. 杭州：浙江大学出版社，2018.

［12］惠彦涛. 建筑施工技术［M］. 上海：上海交通大学出版社，2019.

［13］许传才，杨双平. 铁合金机械设备和电气设备［M］. 北京：冶金工业出版社，2019.

［14］洪露，郭伟，王美刚. 机械制造与自动化应用研究［M］. 北京：航空工业出版社，2017.

［15］刘尊明，霍文婵，朱锋. 建筑施工安全技术与管理［M］. 北京：北京理工大学出版社，2017.

［16］杨正宏. 装配式建筑用预制混凝土构件生产与应用技术［M］. 上海：同济大学出版社，2019.

［17］张岭江. 建筑产业自主创新动力机制［M］. 北京：中国建材工业出版社，2018.

［18］王鹏，李松良，王蕊. 建筑设备［M］. 北京：北京理工大学出版社，2019.

［19］王凤. 建筑设备施工工艺与识图 ［M］. 天津：天津科学技术出版社，2018.

［20］陈明彩，齐亚丽. 建筑设备安装识图与施工工艺 ［M］. 北京：北京理工大学出版社，2019.

［21］杨师斌，赵晓东，常松岭. 建筑设备 ［M］. 武汉：武汉理工大学出版社，2017.

［22］杨建中，尚琛煦. 建筑设备 ［M］. 北京：中国水利水电出版社，2018.

［23］刘金生. 建筑设备 ［M］. 北京：中国建筑工业出版社，2019.

［24］常澄. 建筑设备 ［M］. 北京：机械工业出版社，2018.

［25］刘春娥，邓文华，王慧. 建筑设备 ［M］. 哈尔滨：哈尔滨工程大学出版社，2019.

［26］万建武. 建筑设备工程 ［M］. 第三版. 北京：中国建筑工业出版社，2019.

［27］刘伟，郭盈盈，徐振军. 建筑设备工程 ［M］. 哈尔滨：哈尔滨工业大学出版社，2019.

［28］王东萍. 建筑设备与识图 ［M］. 北京：机械工业出版社，2017.

［29］鲍东杰. 建筑设备工程 ［M］. 第三版. 北京：科学出版社，2019.

［30］李世忠，黄鑫. 建筑设备安装与识图 ［M］. 哈尔滨：哈尔滨工程大学出版社，2019.

［31］李雪莲. 建筑设备的认知与识图 ［M］. 北京：北京交通大学出版社，2017.

［32］常蕾. 建筑设备安装与识图 ［M］. 北京：中国电力出版社，2019.

［33］安书科，翟文燕. 建筑机械使用与安全管理 ［M］. 北京：中国建筑工业出版社，2018.

［34］吴恩宁. 建筑起重机械安全技术与管理 ［M］. 北京：中国建筑工业出版社，2015.

［35］王东升. 建筑工程机械设备安全生产技术 ［M］. 青岛：中国海洋大学出版社，2017.

［36］王东升. 建筑工程机械安全生产技术考核知识 ［M］. 徐州：中国矿业大学出版社，2017.

［37］邹翔. 建筑施工机械管理研究 ［M］. 沈阳：沈阳出版社，2018.

［38］姜晨光. 建筑设备工程 ［M］. 北京：机械工业出版社，2019.